新手学电脑完全自学教程

冷雪峰◎主编

CNS K 湖南科学技术出版社 · 长沙

图书在版编目（CIP）数据

新手学电脑完全自学教程 / 冷雪峰主编. — 长沙：湖南科学技术出版社，2024.1

ISBN 978-7-5710-2558-8

Ⅰ. ①新… Ⅱ. ①冷… Ⅲ. ①电子计算机—教材 Ⅳ. ① TP3

中国国家版本馆 CIP 数据核字（2023）第 248395 号

XINSHOU XUE DIANNAO WANQUAN ZIXUE JIAOCHENG

新手学电脑完全自学教程

主　　编：冷雪峰

出 版 人：潘晓山

责任编辑：杨　林

出版发行：湖南科学技术出版社

社　　址：湖南省长沙市开福区芙蓉中路一段 416 号泊富国际金融中心 40 楼

网　　址：http://www.hnstp.com

印　　刷：唐山楠萍印务有限公司

（印装质量问题请直接与本厂联系）

厂　　址：唐山市芦台经济开发区场部

邮　　编：063000

版　　次：2024 年 1 月第 1 版

印　　次：2024 年 1 月第 1 次印刷

开　　本：710mm×1000mm　1/16

印　　张：15

字　　数：270 千字

书　　号：ISBN 978-7-5710-2558-8

定　　价：59.00 元

PREFACE 前言

如今，电脑已经渗透人们的日常工作、学习和生活中，成为不可或缺的工具之一。它不仅提高了人们的工作效率，也给人们的生活带来了极大的便利。本书特别针对最新的 Windows 11 操作系统进行编写。Windows 11 作为微软公司最新发布的操作系统，它采用了全新的用户界面设计，注重简洁、美观和易用性，还增加了许多新功能，深受广大用户的喜爱。

对于那些刚刚接触电脑的新手来说，学习和掌握 Windows 11 操作系统的使用方法会有一些困惑和挑战。为了让新手快速入门，我们编写了《新手学电脑完全自学教程》，全面、系统地介绍了电脑的使用方法与技巧。而且与其他同类书相比，本书注重将知识应用于实际场景中，每项操作都有详细的文字描述并辅以插图，通过实例进行讲解。

本书以实用性、典型性、便捷性为编写宗旨，尽可能介绍了 Windows11 操作系统中基础、普遍、重要的使用技巧，本书具有以下特色：

◆由浅入深，通俗易懂

本书的内容由浅入深，以足够的基础知识作为铺垫，保证每位读者都能轻松理解和快速掌握相关的技巧，使学习过程更加顺畅。

◆ 图文结合，直观高效

本书采用图文结合的方式，教学过程中的每个操作步骤都有对应的插图，读者可以在学习过程中直观地看到操作方法以及对应的操作效果，让学习更加高效。

◆ 内容全面，知识丰富

本书涵盖了电脑应用的全部基本操作，包括电脑基础快速入门、Windows 11 系统的基本操作、Windows 11 个性化设置、管理电脑中的文件资源、网络连接与浏览、走进丰富多彩的网络世界、软件的安装与管理、学会电脑打字、电脑系统安全与优化等。通过全面的内容和丰富的知识，帮助用户和读者全面掌握电脑的基本操作。

◆ 实用案例，即学即用

本书不仅注重电脑基础知识的讲解，还搭配了大量的操作实例。通过对案例清晰、全面地讲解，让读者快速掌握电脑操作技巧，从而将其应用到实际工作中。

感谢读者选择《新手学电脑完全自学教程》一书。我们希望读者通过本书的学习，能够轻松、快速地掌握电脑的操作技巧，提高工作效率，丰富学习经验，并在日常生活中享受电脑带来的便利。

在编写本书的过程中，笔者竭尽所能地为读者呈现全面的操作方法，但由于笔者水平有限以及时间限制，难免会有一些不足之处。因此，非常希望读者能够提出宝贵的意见和建议，帮助笔者不断改进和完善本书，以便更好地满足读者的需求。同时，笔者也会认真倾听读者的反馈意见，不断改进和升级本书的内容和质量，让读者获得更好的学习体验和使用效果。

目 录
CONTENTS

第9章 电脑系统安全与优化

Chapter

01

第 1 章

电脑基础快速入门

电脑是现代人生活中不可缺少的一部分，也是人们工作中的好助手，因此，掌握电脑的操作技巧是至关重要的。本章主要介绍电脑的组成与电脑的基本使用方法。

学习要点：★了解电脑的分类

★了解电脑的组成

★熟练使用电脑的操作方法

1.1 认识电脑

电脑与人们的生活密不可分，无论是工作还是休闲，大多都需要使用电脑。为了提高工作效率，大家需要学习和掌握与电脑相关的知识和操作技能。

1.1.1 什么是电脑

电脑的全称是“电子计算机”，如图 1–1 所示。电脑是一种能按照程序运行，自动、高速处理海量数据的现代化智能电子设备。电脑的作用非常广泛，它可以完成各种数据处理、存储和传输的任务。电脑的出现减少和替代了人的部分脑力劳动，使得人们在办公、学习、娱乐等方面更加高效和便捷。它的出现和发展极大地改变了人们的生活和工作方式，使得人们的工作效率和生活质量得到了极大的提升。

图 1–1

1.1.2 电脑的分类

按电脑的不同外观结构，可以将其分为台式电脑和笔记本电脑两种。

1.台式电脑

台式电脑又称为桌面计算机，是最为常见的电脑，它具有体积大，操作简单、易扩展等特点，通常都要放在电脑桌或者专用的工作平台上，主要适用于公司和家庭等比较稳定的场所。

目前，台式机主要有两种：一种是分体式；另一种是一体机。其主要区别在于显示器与主机是否分离。分体式是出现最早的传统机型，如图 1–2 所示，它的显示屏和主机是分开的。

图 1–2

一体机的主机和显示器等集成到一起，如图 1–3 所示。具有连线少、体积小、设计时尚等特点，因此受到无数用户的青睐，成为一种新的产品形态。

图 1–3

2.笔记本电脑

笔记本电脑是一种便携式的微型计算机，如图 1–4 所示。笔记本电脑与台式机相比，有着类似的结构，但它的优势在于体积小、重量轻、便于携带。用户可以随时随地使用笔记本电脑进行工作、学习或娱乐，非常方便。

图 1–4

实用贴士

市场上的笔记本电脑五花八门，用户应该怎样选择笔记本电脑呢？首先根据选购笔记本电脑的用途，选择适合自己的电脑；其次要根据个人预算，确定一个合理的预算范围，这能帮助用户筛选出性价比高的笔记本电脑；最后关注品牌和卖家信誉，优先选择信誉好的卖家和值得信赖的品牌，以确保购买的商品是正品，并提供良好的售后服务和保修政策。

1.2 电脑的组成

从组成上来说，一台计算机有两个部分，一个是硬件，另一个是软件。其中，硬件是计算机的外部载体，而软件则是计算机的灵魂。计算机在运转时，两者协同工作，缺一不可。

1.2.1 硬件

通常情况下，一台电脑的硬件主要由主机、显示器、键盘、鼠标、音箱等组成。用户还可根据需要配置麦克风、摄像头、打印机、扫描仪等部件。

1.主机

主机是指计算机系统中的中央处理器（CPU）、内存（RAM）、存储设备（硬盘驱动器或固态驱动器）和主板等核心组件的集合。主机还包括其他硬件设备的插槽和接口，如扩展卡槽、USB 端口、音频端口等。主机是计算机系统的核心部分，负责处理和控制数据的运算和存储，如图 1–5 所示。

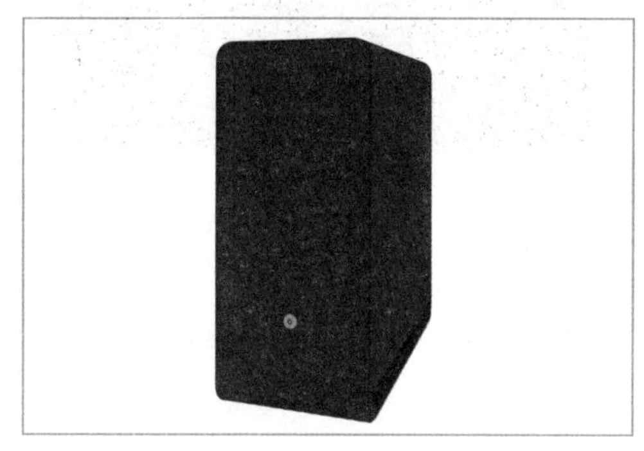

图 1–5

2.显示器

显示器是电脑中重要的输出设备，用于显示文字、图像、视频等内容。它通常采用液晶显示技术（LCD）或有机发光二极管技术（OLED）来产生图像，如图 1–6 所示。

图 1–6

3.键盘

键盘是最常用也是最主要的输入设备之一，用户通过键盘可以将英文字母、汉字、数字、标点符号等输入计算机中，从而向计算机发出命令、输入数据等。键盘相比其他输入方式，如手写或触摸屏，能够提供更高效、更准确的输入。键盘上的各种功能键和快捷键能够提供多种操作和快捷方式，这大大提高了操作效率，如图 1–7 所示。

图 1–7

4.鼠标

鼠标是计算机的一种外接输入设备，如图 1–8 所示。鼠标因形似老鼠而得名，英文名为“Mouse”。一般的鼠标通常由左键、右键和滚轮组成。鼠标可进行控制光标在屏幕上移动、选择、点击和拖放等操作。鼠标的作用就是让电脑的操作变得更简单、快速，它取代了部分复杂的键盘指令。

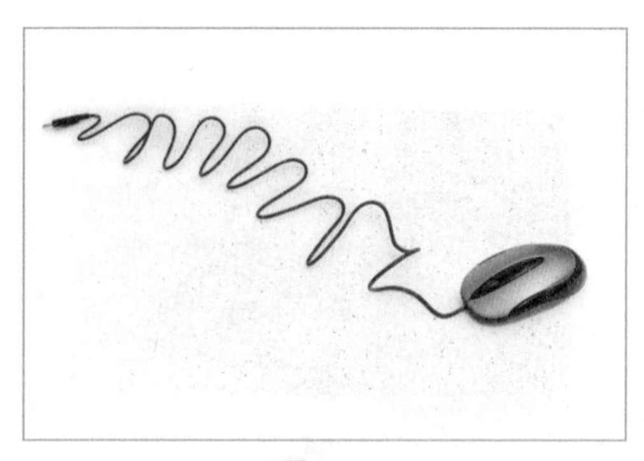

图 1–8

5.常见的电脑外部设备

除了必备的基本硬件，还有一些比较常见的电脑外部设备，如打印机、音箱、摄像头、扫描仪、手写板等。

◆打印机：用于将电子信息（如文档、图像等）从计算机系统输出并打

印到纸张或其他介质上。它能够将数据转化为可视化的形式，使用户能够获取实体的纸质文件。打印机在家庭、办公场所和商业领域中广泛应用，是处理纸质文件和打印需求的重要工具。目前使用较多的是喷墨打印机和激光打印机，其中喷墨打印机最为常见。图 1–9 所示就是一台喷墨打印机。

图 1–9

◆音箱：是电脑的重要组成设备，主要用来扩音，增强音频播放的效果。有了音箱用户就可以用电脑来听音乐、看电影等，如图 1–10 所示。

图 1–10

◆ U 盘：是一种便携式存储设备，如图 1–11 所示。它可以用来存储和传输数据，如文件、照片、音频、视频等。U 盘通常具有较大的存储容量，并且可以方便地连接到电脑或其他设备的 USB 接口上。

图 1-11

实用贴士

键盘上的按键有许多实用的功能，如【Tab 键】和【Esc】键。【Tab】键是 Table 的缩写，当用户在处理表格时，只要按一下这个键就能等距移动了，不需要用空格键来一格一格敲动。【Esc 键】就是退出键，其主要作用是退出某个程序。比如，在浏览一些窗口或页面时，只需按下【Esc 键】即可关闭该页面。

1.2.2 软件

没有软件，计算机就无法正常工作。计算机的软件有三种类型，分别是操作系统、驱动程序和应用软件。在电脑上使用不同的软件，可以完成不同的工作。

1.操作系统

操作系统是一种对电脑硬件与软件资源进行管理和控制的电脑程序，是一种直接在“裸机”上运行的软件，任何一种软件都离不开操作系统的支持。举例来说，电脑中的 Windows 10、Windows 11 及手机中的 iOS 和 Android 都是操作系统，图 1-12 所示为 Windows 11 操作系统桌面。

图 1–12

2.驱动程序

驱动程序是一种特殊类型的软件，它是操作系统与硬件设备之间的桥梁，操作系统需要通过驱动程序才能控制硬件设备。当用户连接硬件设备（如打印机、鼠标、键盘、显示器等）到计算机时，操作系统无法直接与这些设备进行交互。这时候就需要相应的驱动程序来当中介，使得操作系统能够与硬件设备通信，如图 1–13 所示。

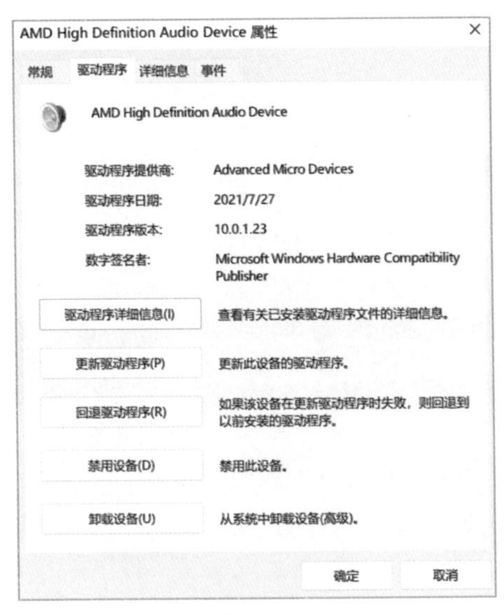

图 1–13

3.应用软件

应用软件是为满足用户特定需求而开发的程序。它们涵盖了各种不同的领域和用途，如办公软件（Microsoft Office）、图形图像处理软件（Adobe

Photoshop)、多媒体软件(Windows Media Player)、游戏软件、Web 浏览器(Chrome、Firefox)、通信软件(腾讯 QQ、微信)以及各种专业软件(CAD 软件、金融分析软件等)等。应用软件可以帮助用户执行各种任务，如创建文档、编辑图像、播放音乐、游戏娱乐、网页浏览、通信等。图 1–14 所示为 Microsoft Office 2021 中 Excel 组件的主界面。

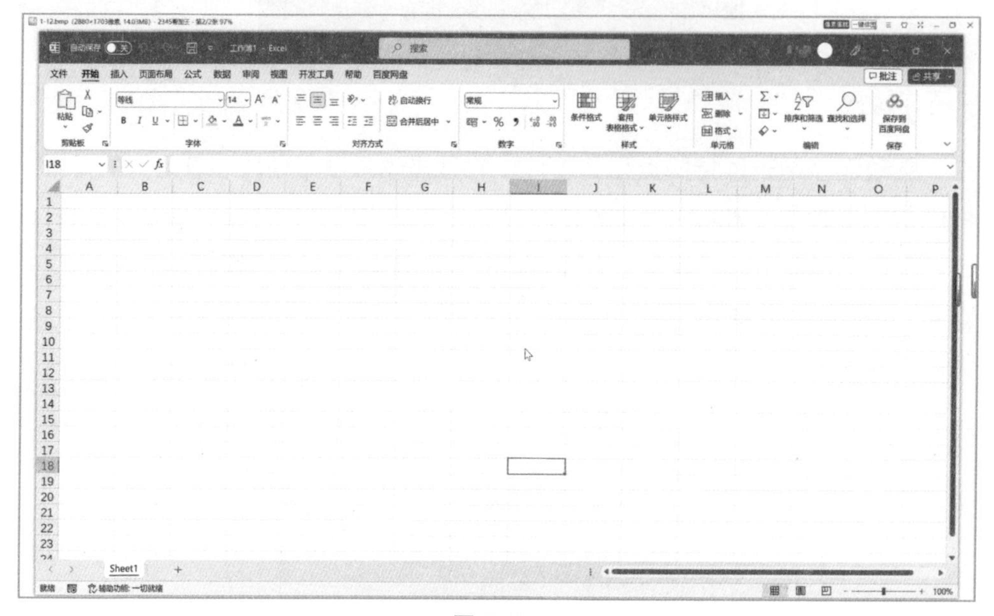

图 1–14

1.3 电脑的基本使用方法

对于电脑初学者来说，必须先掌握电脑的基本操作，才能避免由于操作错误而导致电脑发生故障。下面将介绍如何正确启动及关闭电脑。

1.3.1 启动电脑

1.开机

电脑开机就是接通电脑的电源，启动电脑，进入 Windows 11 桌面。开

机是非常简单的操作，但是台式电脑和笔记本电脑开机方式是不同的，必须严格按照正确的步骤来操作，下面分别进行介绍。

启动台式电脑的具体操作步骤如下：

1 连接好电脑外部设备并接通电源，按下显示器上的【电源】按钮，如图1–15所示。

2 按下主机上的【电源】按钮，主机上的电源指示灯就会亮起来，表明主机开始启动，如图1–16所示。

图 1–15

图 1–16

3 电脑开始进行自检，自检完成后，电脑最终显示Windows11桌面，如图1–17所示。

图 1–17

启动笔记本电脑的具体操作步骤如下：

1 笔记本电脑接通电源，按下笔记本上的【电源】按钮，即可正常开机，如图1–18所示。

图 1-18

2 开机完成后，显示Windows11桌面，如图1-19所示。

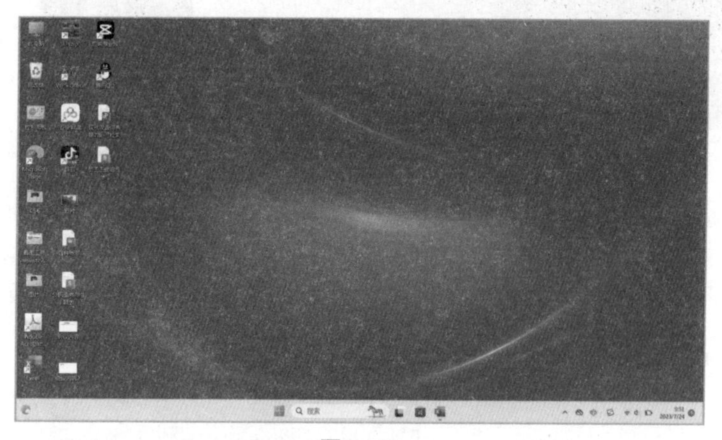

图 1-19

2.重启

当电脑响应速度过慢或者死机时，可以通过电脑重启功能使其再次正常运行。台式电脑和笔记本电脑重启方式是相同的，以笔记本电脑重启方式为例，具体操作步骤如下：

1 单击任务栏上的【 】按钮，在弹出的【开始】菜单中选择【 】按钮，如图1-20所示。

2 在弹出的快捷菜单中选择【重启】命令即可重新启动电脑，如图1-21所示。

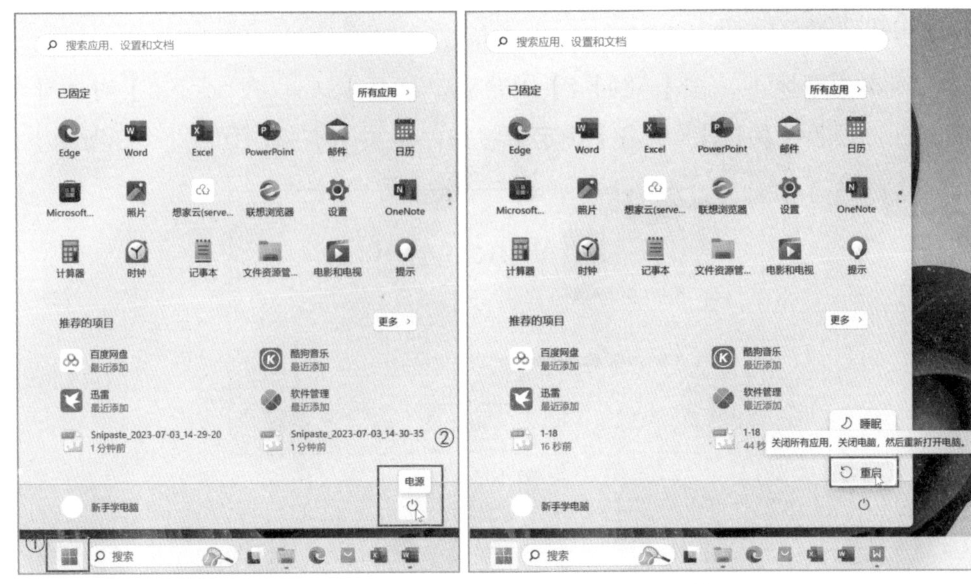

图 1-20　　　　图 1-21

1.3.2 关闭电脑

当不使用电脑时，应当将其关闭。在关闭电脑前，要确保关闭所有应用程序，以避免数据丢失。正确关闭电脑有以下 3 种方法。

1.使用【开始】菜单

单击【■】按钮，在弹出的【开始】菜单中单击【电源】→【关机】按钮，即可关闭电脑，如图 1-22 所示。

图 1-22

2.使用快捷键

在桌面环境下，按【Alt+F4】组合键，打开【关闭 Windows】对话框，其默认选项为【关机】，单击【确定】按钮即可关闭电脑，如图 1–23 所示。

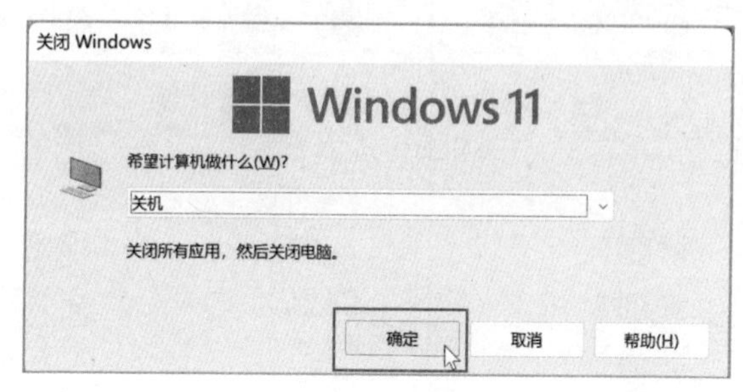

图 1–23

3.使用快捷菜单

在桌面环境下，按【Windows+X】组合键，在打开的菜单中单击【关机或注销】→【关机】，如图 1–24 所示。

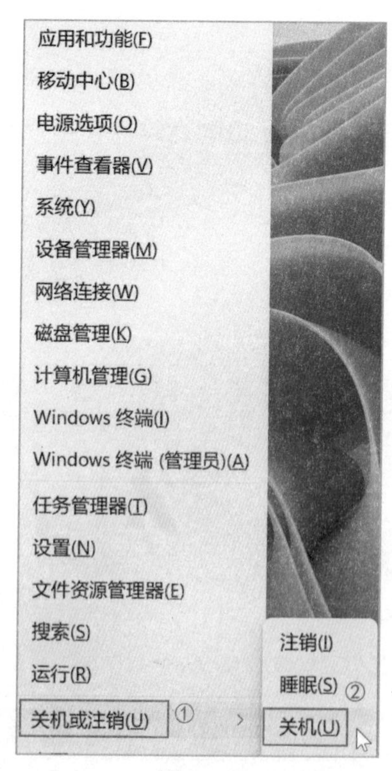

图 1–24

在操作电脑时如果需要离开一段时间，但不想关闭电脑，又不想让其他人使用自己的电脑时，可以使用电脑锁屏。这样，其他人在不知道密码的情况下都无法访问电脑内部文件。最快捷的锁屏方法是同时按【Windows+L】组合键，即可进入锁屏界面。

1.3.3 使用鼠标

鼠标是一种方便灵活的输入设备。电脑中大部分操作都是通过鼠标来完成的，只有正确学会使用鼠标，才能掌握鼠标的各种功能和操作技巧，提升工作效率。

1.认识鼠标

◆鼠标：常用的鼠标一般由左键、右键和滚轮组成，如图 1–25 所示。在电脑操作中，鼠标左键主要作用是进行选择和执行默认操作；鼠标右键主要作用是打开对象的快捷操作菜单；鼠标滚轮主要作用是实现在网页、文档和其他可滚动内容中进行上下滚动，也可用于对象的放大、缩小。

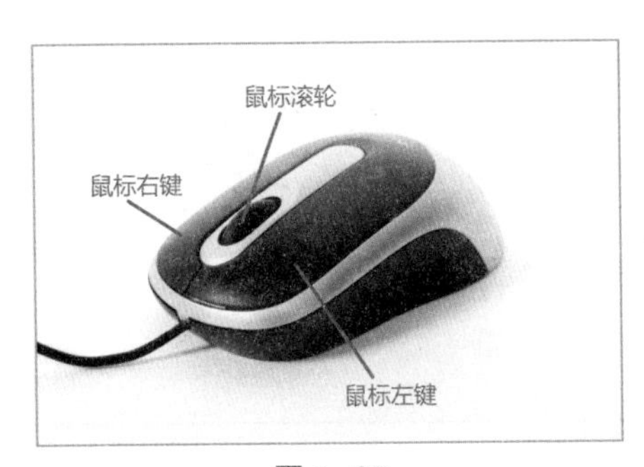

图 1–25

◆鼠标指针：鼠标在电脑中的表现形式是鼠标指针，鼠标指针的形状一般为一个白色的箭头【 】。在执行不同的任务时，或者系统在不同的运行状态下，鼠标指针的外形可能会随之发生变化，【 】就是鼠标指针的另一种形状，如图 1–26 所示。

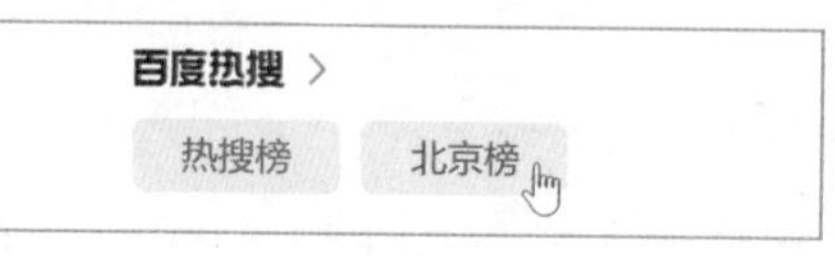

图 1–26

表 1–1 列出了常见的鼠标指针形状、表示状态和用途。

表 1–1

指针形状	表示状态	用途
	正常选择	表示正常的鼠标状态和操作，无特殊含义
	后台运行	表示电脑正在打开程序，需稍微等待
	忙碌状态	表示电脑打开的程序或操作未响应
	文本选择	表示可选中文本内容并进行复制、剪切或粘贴操作
	垂直和水平调整	鼠标指针移动到窗口边框线时，会出现双向箭头，拖曳鼠标，可进行放大或缩小操作
	移动对象	用于移动选定的对象
	精准选择	表示可进行精确选择或标记，通常用于图像编辑或绘图软件，提供更精细的操作和控制
	链接选择	表示鼠标悬停在可点击的链接或按钮上，用于进行跳转或执行相关操作

2.使用鼠标的正确姿势

要用好鼠标，首先要握好鼠标。鼠标的正确握法是将鼠标平放在鼠标垫和桌面上，手掌心轻轻地贴在鼠标后部，右手示指和中指自然地弯曲在鼠标的左键和右键上，拇指靠在鼠标左侧，无名指和小指轻轻放在鼠标右侧，手腕自然垂放在桌面上，如图 1–27 所示。

图 1-27

握持鼠标时应该保持轻松的力度，避免用过大的力量紧握鼠标。用过大的力量会增加手部肌肉的紧张度，导致疲劳和不适感。

3.鼠标的操作

了解了鼠标各按键的基本功能后，下面介绍鼠标的基本操作，包括鼠标指针定位、单击、双击、拖曳、右击和使用滚轮等。

◆鼠标指针定位：是指将鼠标指针移动到所需的位置。在电脑屏幕上移动鼠标指针，将其指向目标对象，会显示提示信息，如图 1-28 所示。

图 1-28

◆单击（选中）：是指通过轻按鼠标的左键一次来执行操作。单击通常用于选择对象、打开文件或文件夹、选择菜单选项等，如图 1-29 所示。

图 1-29

◆双击（打开 / 执行）：是通过快速连续按两次鼠标的左键来执行操作。双击通常用于打开程序或文件，以及执行特定的操作，如编辑文件、重命名项目等。如双击【此电脑】图标，得到的页面如图 1-30 所示。

图 1-30

◆拖曳：是指在按住鼠标左键的同时，将鼠标指针拖动到新的位置，然后释放鼠标即可。拖曳通常用于移动对象，如图 1-31 所示。

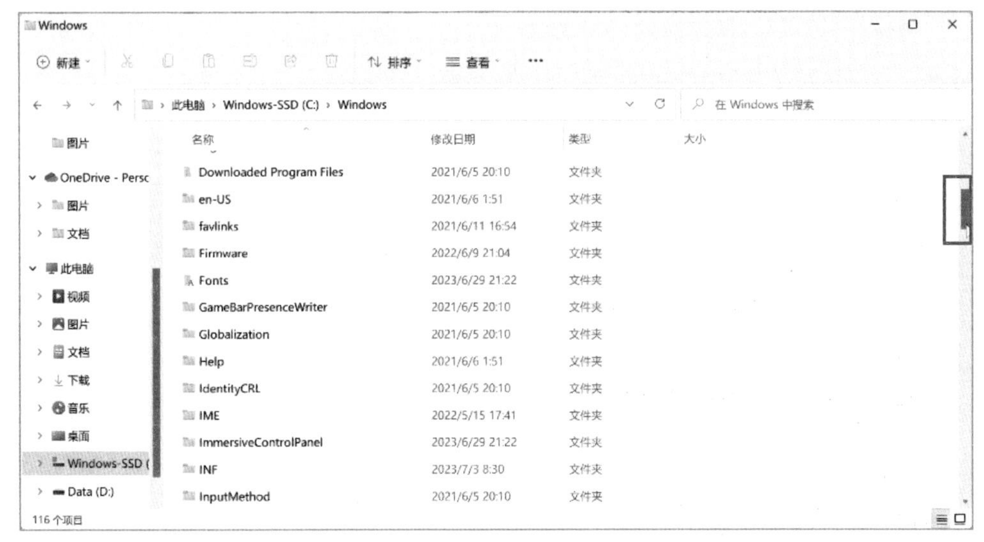

图 1–31

◆右击：是指将鼠标指针指向对象后，单击鼠标右键，即可弹出与其相关的快捷菜单，显示该对象可以执行的操作，如图 1–32 所示。

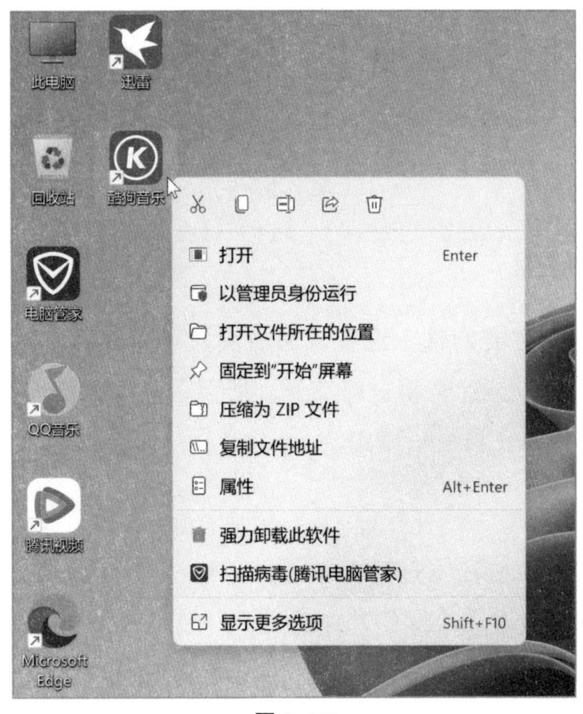

图 1–32

◆使用滚轮：滚轮通常位于鼠标的中央，可以通过手指滚动滚轮来执行操作。在网页、文档和其他可滚动内容中，滚动鼠标滚轮可以实现上、下滚动，如图 1–33 所示。

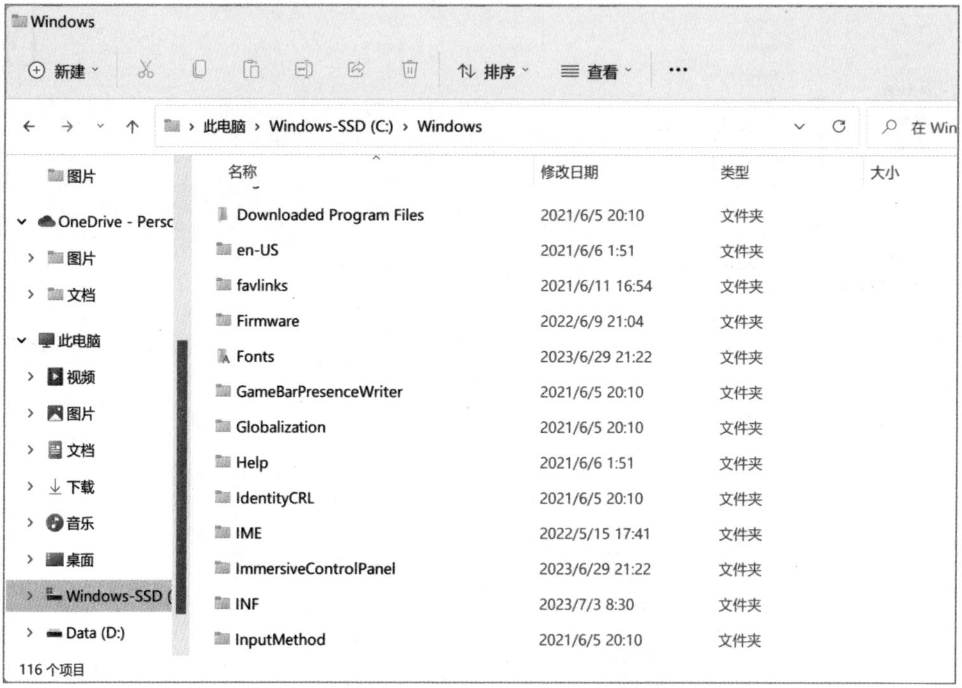

图 1–33

1.3.4 使用键盘

键盘是电脑中重要的输入设备，通过键盘可以输入文字以及各种字符，或者下达一些命令，与计算机进行交互。所以，在学习电脑之初，要先认识一下文字的主要输入工具——键盘。

1.键盘的组成分区

键盘上的按键数量和位置基本一致，现在大部分用户使用的都是 107 键的标准键盘，按键盘上各个键的功能分类，一般可分为功能键区、主键盘区、控制键区、数字键区及状态指示区，如图 1–34 所示。

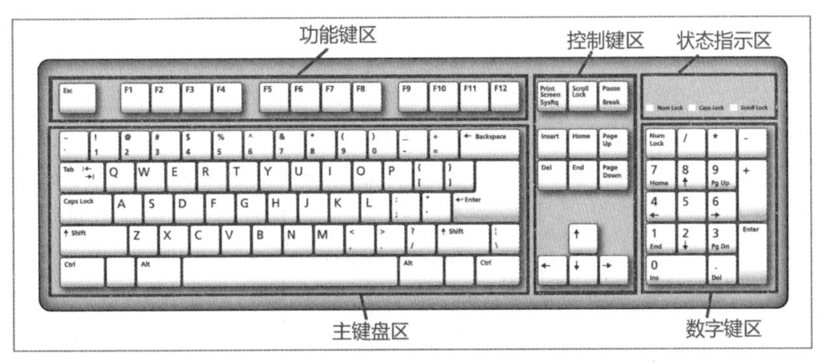

图 1–34

◆功能键区：其位于键盘的上方，包括【Esc】键、【F1】键至【F12】键。这些键在不同的环境中有不同的作用，如图 1–35 所示。

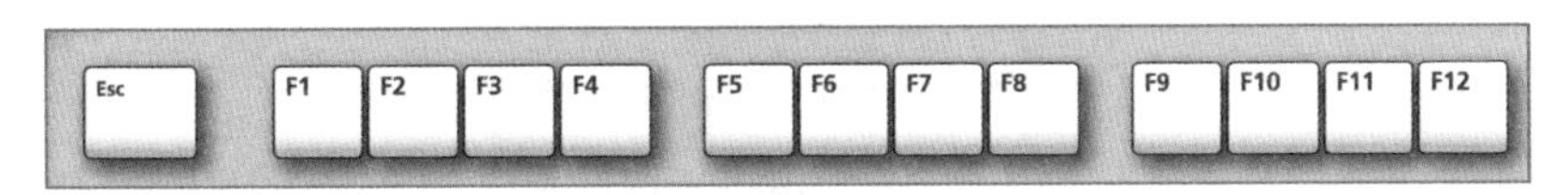

图 1–35

◆主键盘区：其主键盘的左下部，是键盘上最重要的区域。它既是键盘的主体部分，又是用户经常使用的部分。包括字母键、数字符号键、功能键、标点符号键和一些特殊键，它的主要功能是输入数据、文字、字符等内容，如图 1–36 所示。

图 1–36

◆控制键区：编辑键区位于主键盘区与数字键区之间，包括上、下、左、右 4 个方向键和几个控制键，如图 1–37 所示。

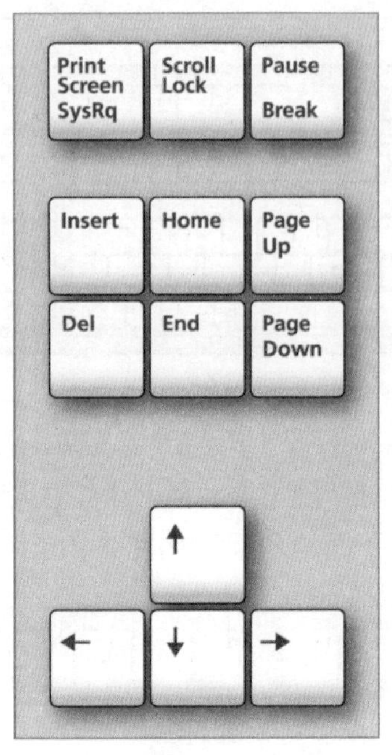

图 1-37

◆数字键区：辅助键区位于键盘的最右侧，一共有 17 个键，包括数字键和运算符号键，如图 1-38 所示。

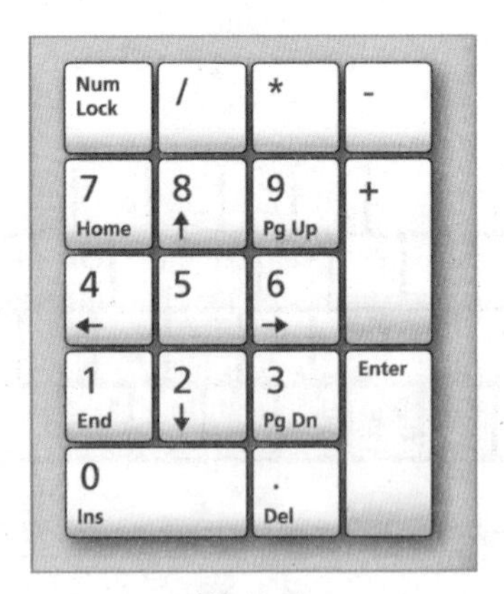

图 1-38

◆状态指示区：位于键盘的右上角，用于提示数字键区的工作状态、大小写及滚屏锁定键的状态。从左到右依次为 Num Lock 指示灯、Caps Lock 指示灯、Scroll Lock 指示灯。它们与键盘上的【Num Lock】键、【Caps Lock】键及【Scroll Lock】键一一对应，如图 1-39 所示。

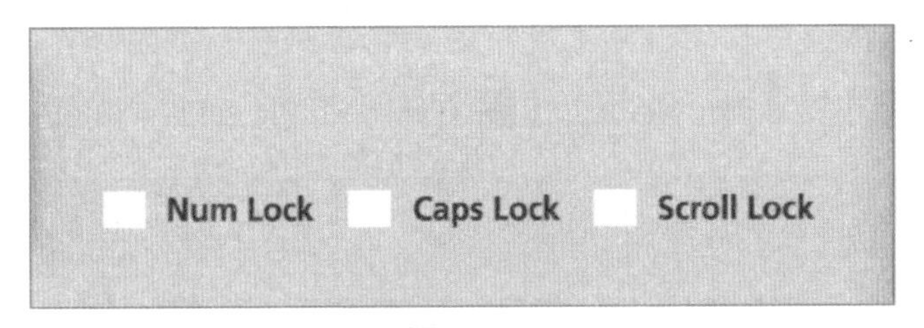

图 1–39

2.键盘的基本操作

键盘的基本操作包括敲击独立键和同时敲击组合键两种。

敲击一下键盘上的【 】键，就能弹出如图 1–40 所示的【开始】菜单。

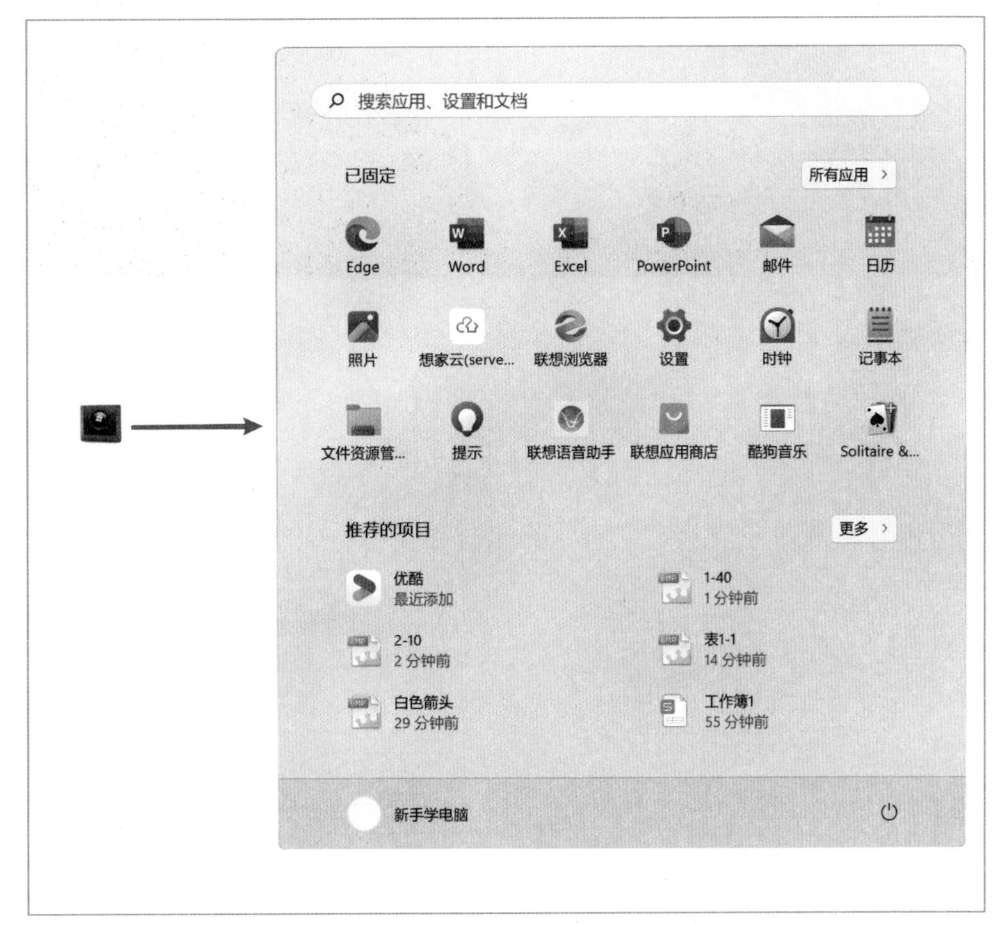

图 1–40

快捷键是指通过按下键盘上的特定组合键来执行某些操作的方法。按住键盘上的【 】键不放，再按下【 】键即可锁定桌面，如图 1–41 所示。

图 1–41

Chapter

02

第2章 Windows 11系统的基本操作

Windows 11操作系统作为目前主流的操作系统，不仅外观漂亮，还易学易用。在对电脑有了一定的认识之后，还需要学习Windows 11操作系统的一些基础知识和操作方法，如桌面、窗口、菜单、任务栏与小组件等。

学习要点：★了解Windows11的桌面
★熟练掌握窗口的相关操作
★熟练掌握开始菜单的操作方法
★熟练掌握小组件的相关操作

2.1 Windows 11系统的桌面

进入 Windows11 操作系统后，用户首先看到的是桌面，本节就来介绍 Windows 11 操作系统的桌面。

2.1.1 桌面的组成

电脑启动成功后，屏幕上显示的界面就是 Windows 桌面，Windows 11 操作系统的桌面较以往的版本有了较大的改变，系统中的应用程序集中在【开始】菜单中。在 Windows 11 操作系统中，桌面是由桌面背景、桌面图标和任务栏组成的，如图 2-1 所示。

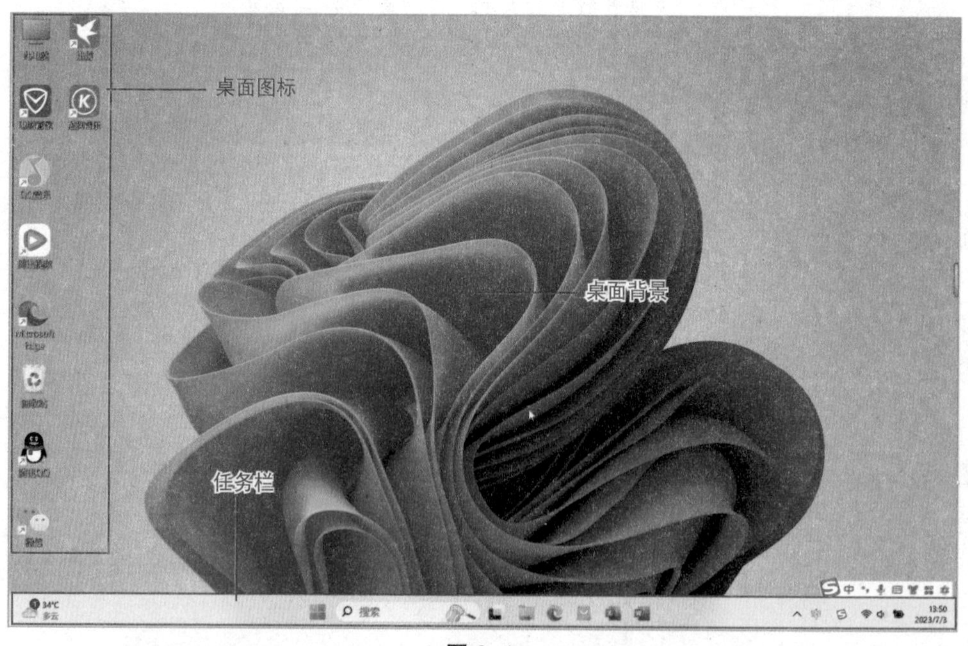

图 2-1

◆桌面背景：即桌面的背景图片，在 Windows11 系统中，有许多不同类型的背景图片，用户可以根据需要进行选择，也可以选择存储在计算机上的图片文件作为自己的桌面背景，如图 2-2 所示。

图 2-2

◆桌面图标：是指在计算机的桌面上显示的小图标，用于快速访问各种程序、文件、文件夹或其他可执行操作，如图 2-3 所示。

图 2-3

◆任务栏：是位于桌面底端的水平长条，Windows11 操作系统采用居中式布局，如图 2-4 所示。如果不习惯居中式，也可以通过【设置】应用将其设置为左对齐。

图 2-4

2.1.2 桌面的基本操作

在 Windows 操作系统中，所有的文件、文件夹及应用程序都是由形象化的图标表示。本节主要介绍 Windows 11 桌面的基本操作。

1.添加桌面图标

通常情况下，桌面图标可分为系统图标和应用程序图标。在 Windows 11 操作系统中，系统图标包括此电脑、网络、用户的文件、回收站和控制面板。默认情况下，在桌面上只显示【回收站】一个系统图标，用户可以使用以下方法将其他系统图标显示出来，具体操作步骤如下：

1 在桌面空白处右击，在弹出的快捷菜单中选择【个性化】命令，如图 2-5所示。

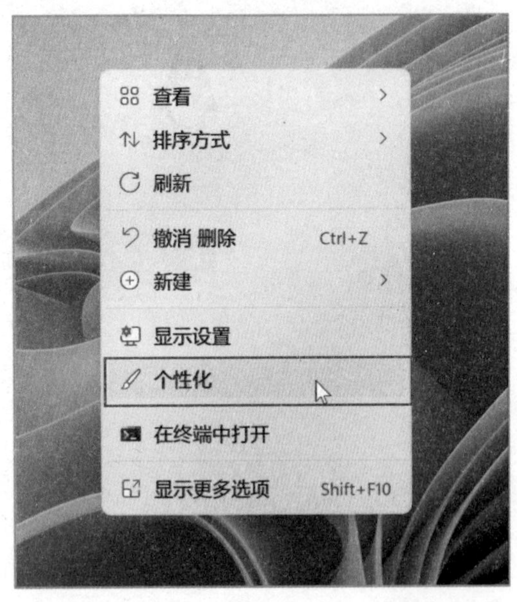

图 2-5

2 弹出【个性化】界面，选择【主题】选项，如图2-6所示。

3 弹出【个性化>主题】界面，在【相关设置】列表下选择【桌面图标设置】选项，如图2-7所示。

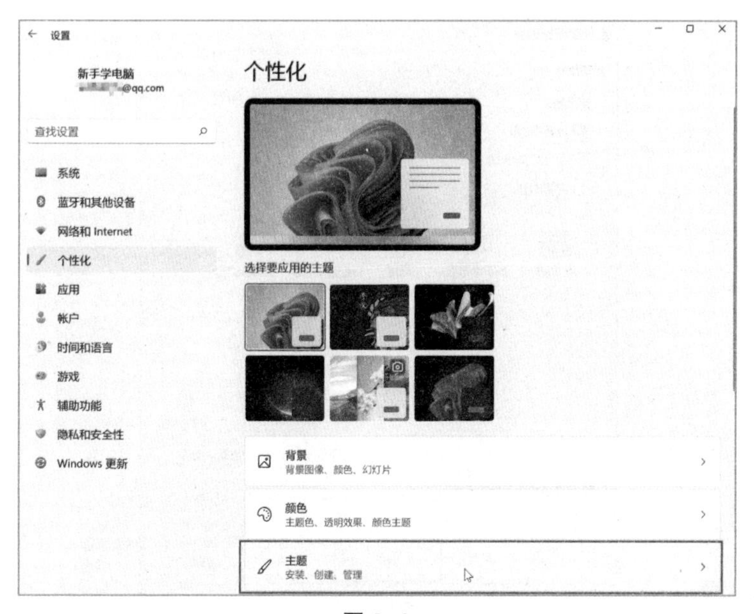

图 2-6

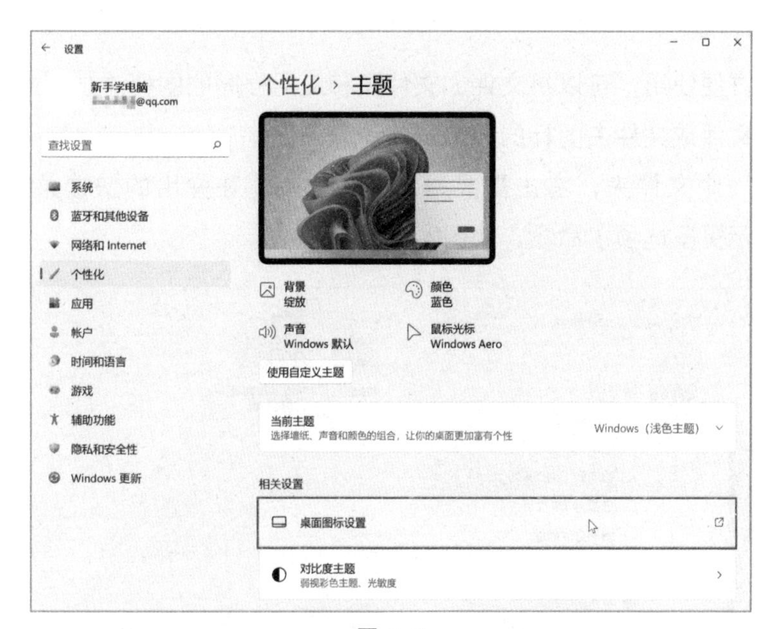

图 2-7

4 弹出【桌面图标设置】对话框，在【桌面图标】栏中选中需要显示的系统图标前的复选框，如【控制面板】，单击【确定】按钮即可，如图2-8所示。

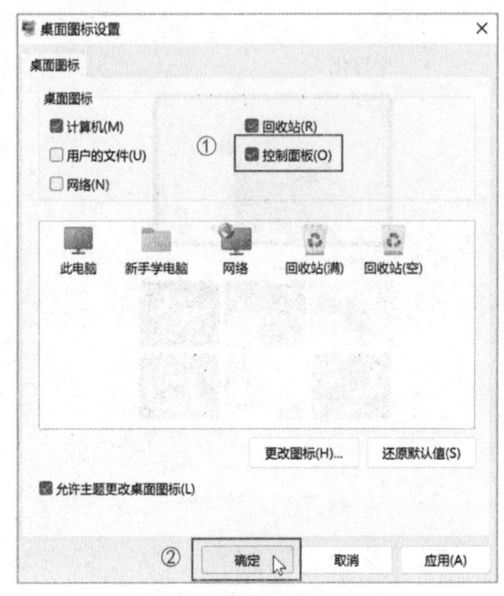

图 2-8

2.添加快捷方式

为了方便使用，可以将文件、文件夹和应用程序的图标添加到桌面上。添加文件或文件夹图标的具体操作步骤如下：

1 打开一个文件夹，右击需要添加的文件夹，在弹出的快捷菜单中选择【显示更多选项】命令，如图2-9所示。

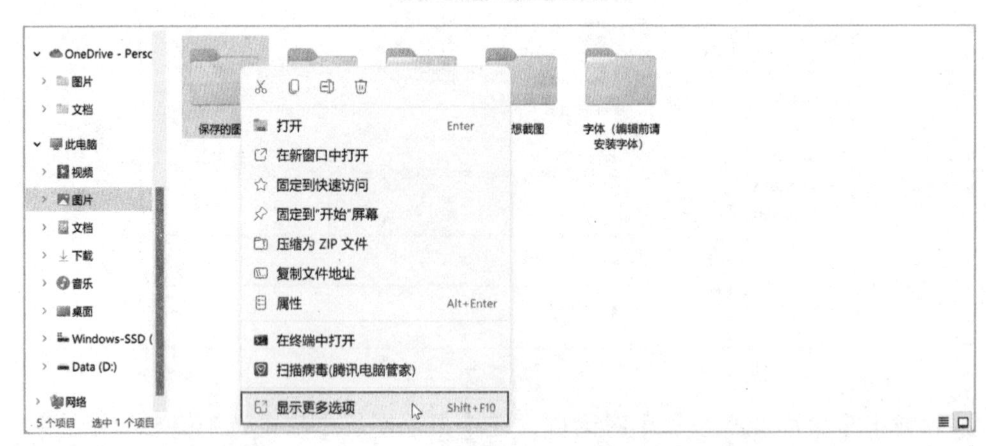

图 2-9

2 在展开的快捷菜单中，选择【发送到】→【桌面快捷方式】命令，如图2-10所示。

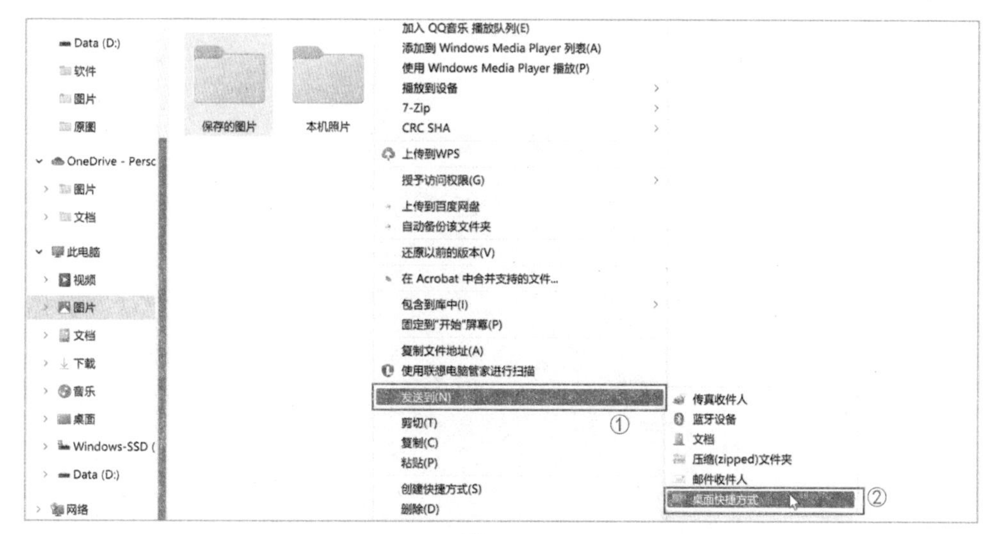

图 2-10

3 完成以上步骤，桌面上就会出现这个文件夹的图标，如图2-11所示。

图 2-11

除了添加文件或文件夹，用户也可以把程序的快捷方式添加到桌面上，具体操作步骤如下：

1 单击【 】按钮，弹出【开始】菜单，单击【所有应用】按钮，如图2-12所示。

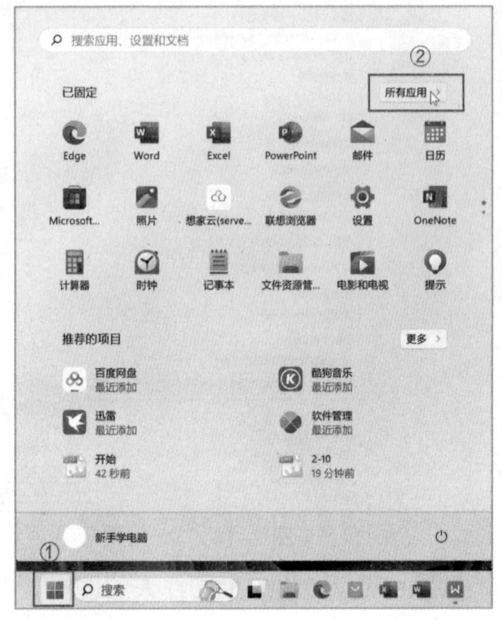

图 2-12

2 在【所有应用】列表中，右击想要添加快捷方式图标，如【PDF阅读器】，在弹出的快捷菜单中单击【更多】，在弹出的扩展菜单中选择【打开文件位置】命令，如图2-13所示。

图 2-13

3 在打开的文件夹中，右击想要添加快捷方式的图标，在弹出的快捷菜单中选择【发送到】，在其扩展菜单中选择【桌面快捷方式】命令，如图2-14所示。

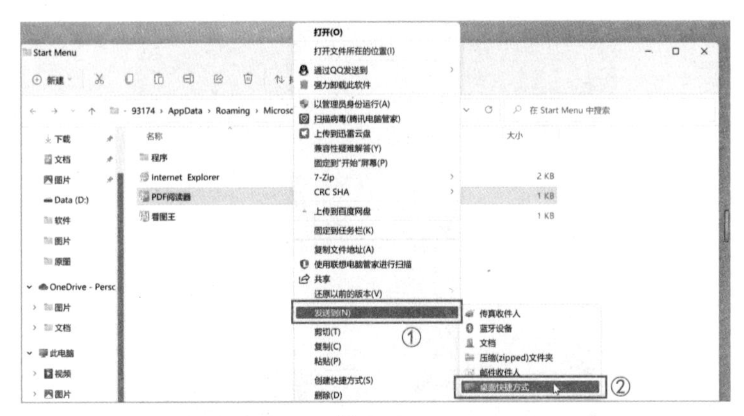

图 2-14

4 回到桌面，可以看到桌面上有一个新的程序快捷方式的图标，如图2-15所示。

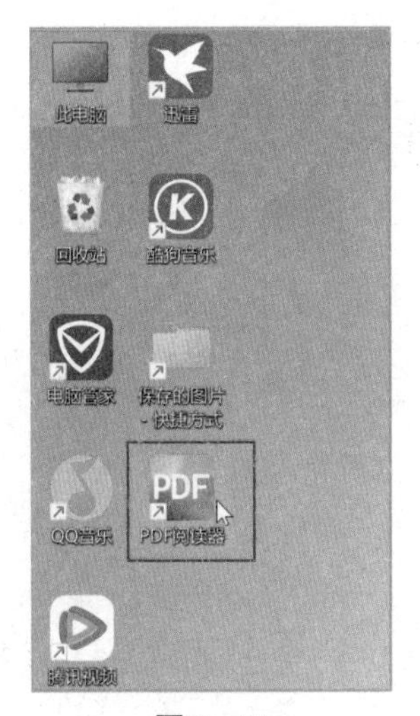

图 2-15

3.调整图标的大小

添加桌面图标之后，如果对桌面图标的大小和排序方式不满意，可以对其进行设置，具体操作步骤如下：

1 在桌面空白处右击，在弹出的快捷菜单中选择【查看】命令，在弹出的扩展菜单中选择一种合适的图标，如【大图标】，如图2-16所示。

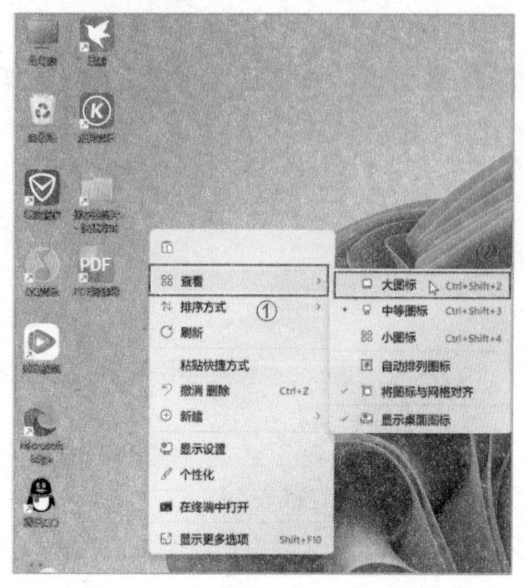

图 2-16

2 设置大图标后的效果如图2-17所示。

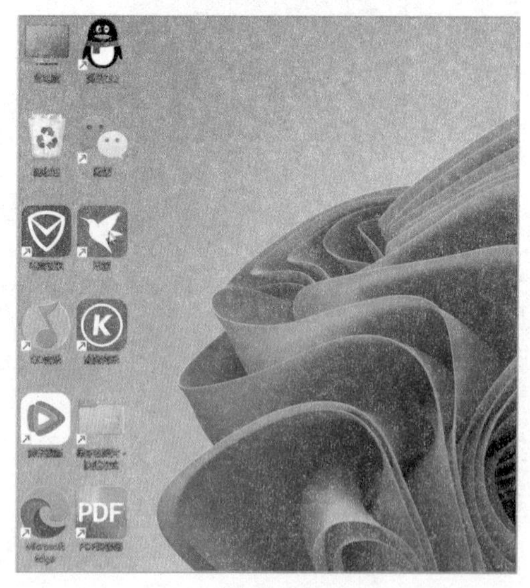

图 2-17

4.排列桌面上的图标

在桌面上创建了大量的图标或随意摆放图标位置后，桌面会显得十分混

乱，可以将这些图标按照一定的顺序进行排列，具体操作步骤如下：

1. 在桌面空白处右击，在弹出的快捷菜单中选择【排序方式】命令，在弹出的扩展菜单中选择一种合适的排序方式，如【修改日期】，如图2-18所示。

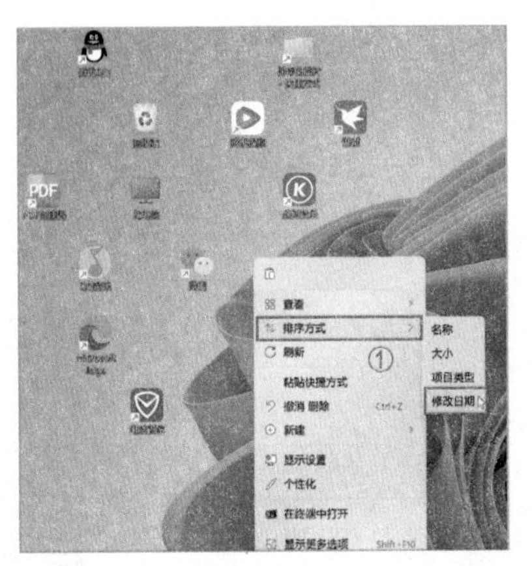

图 2-18

2. 桌面上的图标就会按照选择的排序方式排列，如图2-19所示。

图 2-19

5.删除桌面快捷方式图标

对于桌面上不常用的快捷方式图标，可以将其删除，这样看起来桌面更简洁美观。删除桌面快捷方式图标有鼠标右键、利用快捷键、鼠标拖曳到【回收站】3种方法。

通过鼠标右键删除的具体操作步骤如下：

1 用鼠标右键单击要删除的快捷方式图标，在弹出的快捷菜单中选择【🗑】按钮，如图2-20所示。

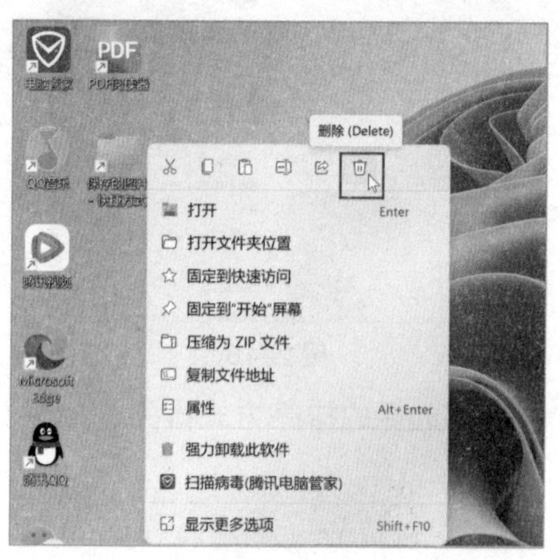

图 2-20

2 被删除的快捷的方式图标便移动到了【回收站】中。如果想要将已删除的快捷方式图标还原，只需要在回收站中右键单击相应的快捷方式图标，在弹出的快捷菜单中选择【还原】按钮即可，如图2-21所示。

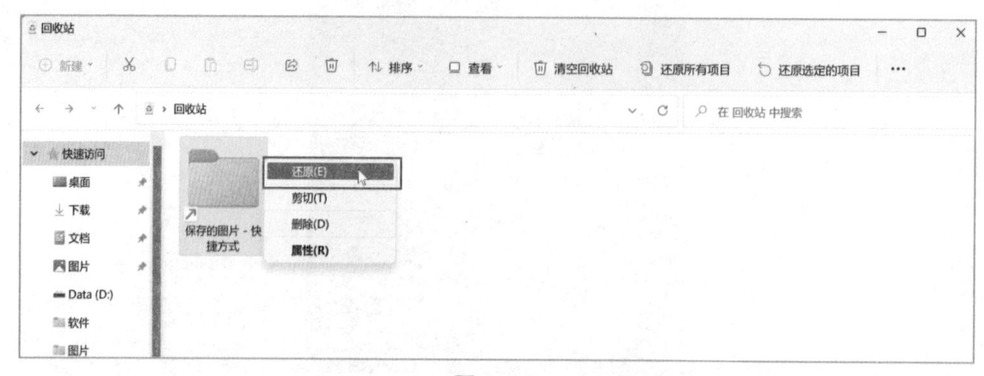

图 2-21

通过快捷键删除的具体操作步骤如下：

在桌面上选择删除的快捷方式图标，按【Delete】键即可将图标删除。如果想彻底删除桌面图标，按下【Delete+Shift】组合键，此时会弹出【删除快捷方式】对话框，提示【你确定要永久删除此快捷方式吗？】，单击【是】按钮即可彻底删除，如图 2-22 所示。

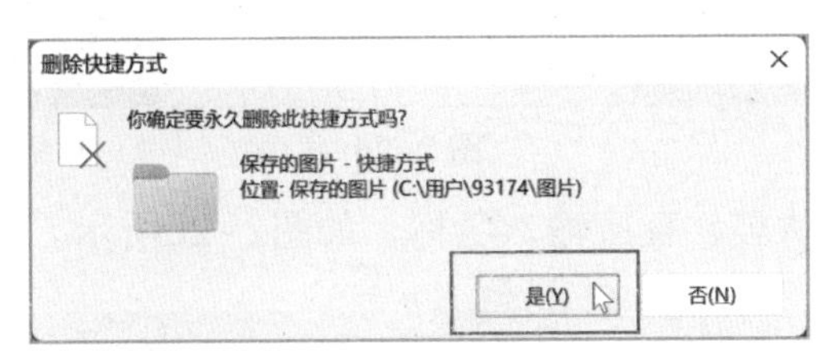

图 2-22

通过鼠标拖曳删除的具体操作步骤如下：

在桌面上选择需要删除的快捷方式图标，按住鼠标左键直接拖曳至【♻】图标上，即可删除，如图 2-23 所示。

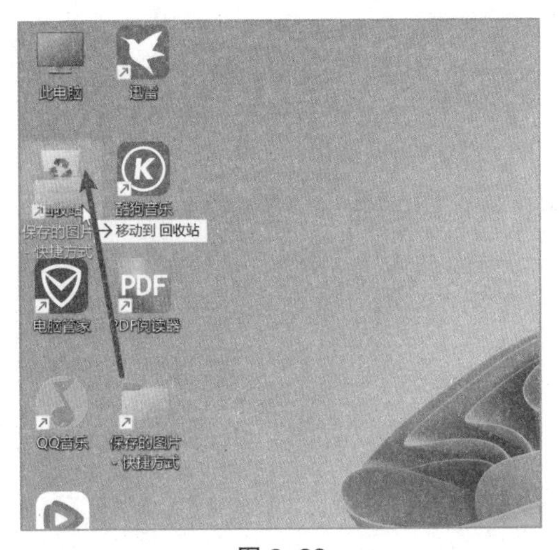

图 2-23

6.更改桌面图标的名称

根据需要，用户还可以更改桌面图标的名字，具体操作步骤如下：

1　在桌面上右击需要修改名称的图标，在弹出的快捷菜单中选择【⎘】选项，如图2-24所示。

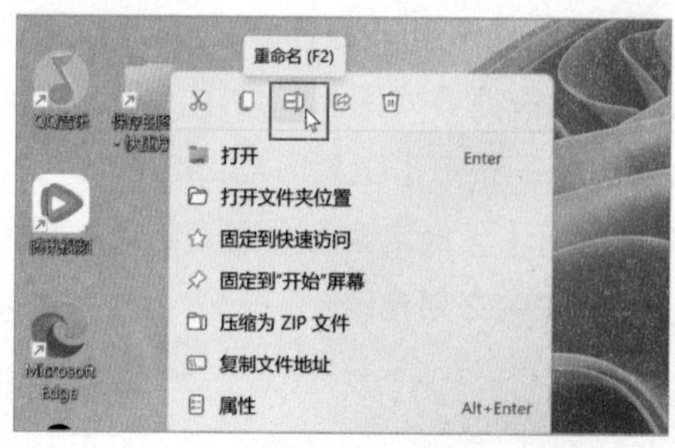

图 2-24

2 进入文字编辑状态，直接输入名称，如图2-25所示。

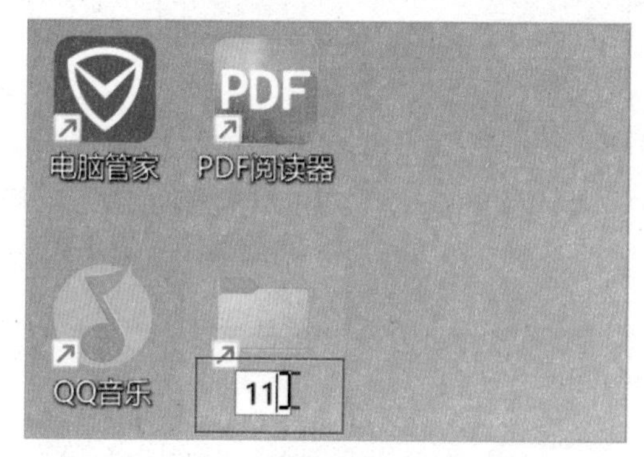

图 2-25

3 按【Enter】键确认名称，即可更改完成，如图2-26所示。

图 2-26

当打开多个程序或窗口时，如果想要返回桌面，有以下3种方法。第一，单击任务栏最右侧的【 | 】按钮。第二，右击任务栏上的【 】按钮，在弹出的【开始】菜单中选择【桌面】选项。第三，按【Windows+D】组合键。

2.2 Windows 11系统的窗口

窗口是Windows操作系统进行各项操作的基本形式，因此窗口的操作是电脑的基本操作之一。本节开始介绍窗口的基本操作。

2.2.1 认识窗口

Windows 11 系统的窗口是指应用程序和文件在屏幕上显示的独立区域，用户可以通过窗口在屏幕上同时打开和操作多个应用程序或文件。窗口提供了一个可见的界面，使用户能够与应用程序进行交互，显示内容和执行各种操作，例如输入文本、浏览网页、编辑文件等。

每个窗口可以根据需要调整大小、移动位置，并具有相应的功能按钮，让用户能够方便地最小化、最大化、关闭窗口或进行其他操作。通过窗口管理，用户可以根据自己的需求和工作流程，同时处理多个任务和应用程序，提高工作效率和多任务处理能力。以【此电脑】窗口为例来介绍窗口的组成部分，如图2-27所示。

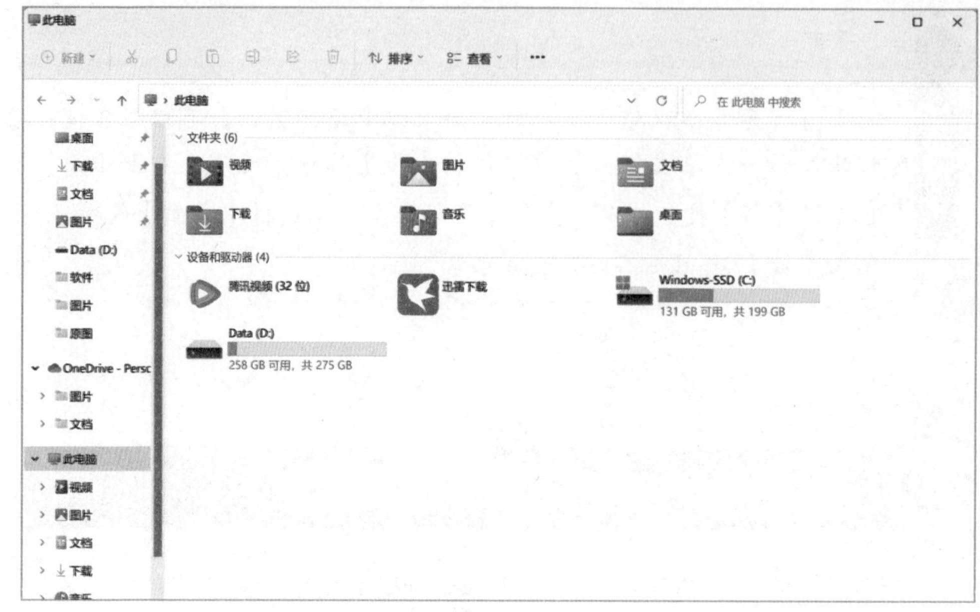

图 2-27

2.2.2 窗口的基本操作

下面介绍打开和关闭窗口的基本操作，具体操作步骤如下：

1.打开和关闭窗口

1 右击【此电脑】图标，在弹出的快捷菜单中选择【打开】命令，便可以打开窗口，如图2-28所示。也可以直接双击【此电脑】图标完成。

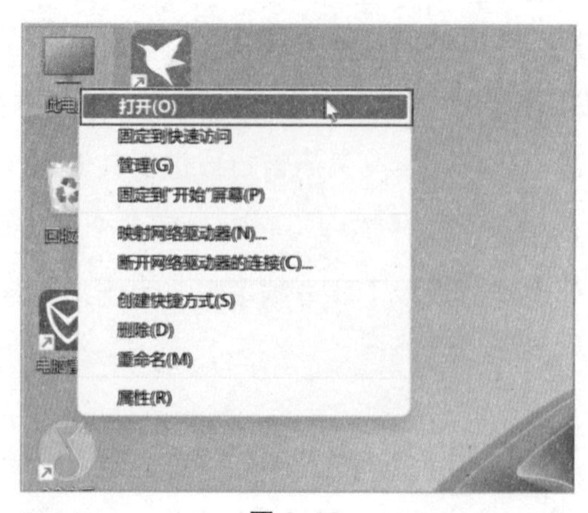

图 2-28

2 打开【此电脑】窗口，单击窗口右上角的【×】按钮，便可以关闭窗口，如图2–29所示。

图 2–29

2.移动窗口

移动窗口就是改变窗口在桌面上的位置，具体操作步骤如下：

1 将鼠标指针放在需要移动的窗口的标题栏上，此时鼠标指针是【 】形状，如图2–30所示。

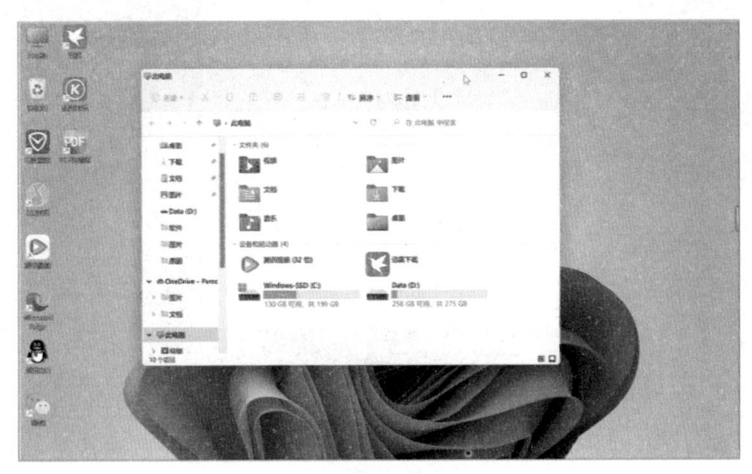

图 2–30

2 按住鼠标左键并拖拽鼠标，此时窗口会跟随鼠标一起移动，移动到需要的位置释放鼠标左键即可，如图2-31所示。

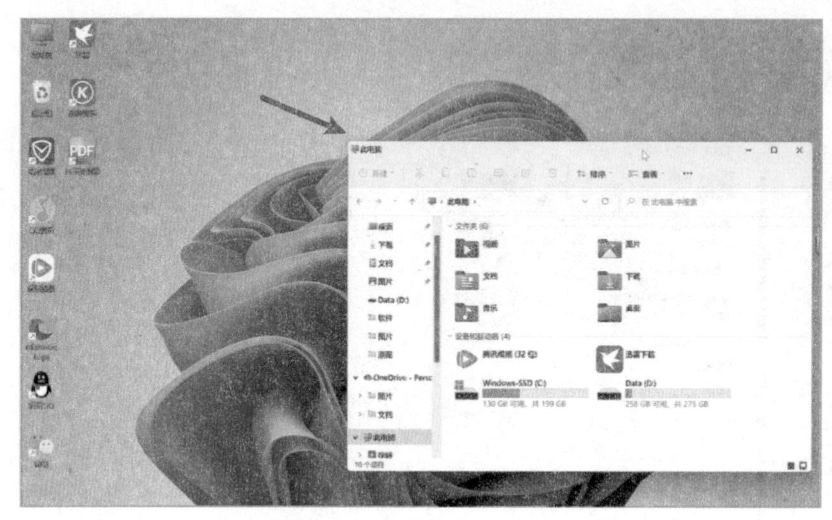

图 2-31

3.调整窗口大小

要改变窗口的大小，可以对窗口进行缩放操作，具体操作步骤如下：

1 将鼠标指针移动到窗口的右下角，当鼠标指针变成【 ⤡ 】时，如图2-32所示。

图 2-32

2 按住鼠标左键并拖拽鼠标，将窗口调整到合适的大小即可，如图2-33所示。

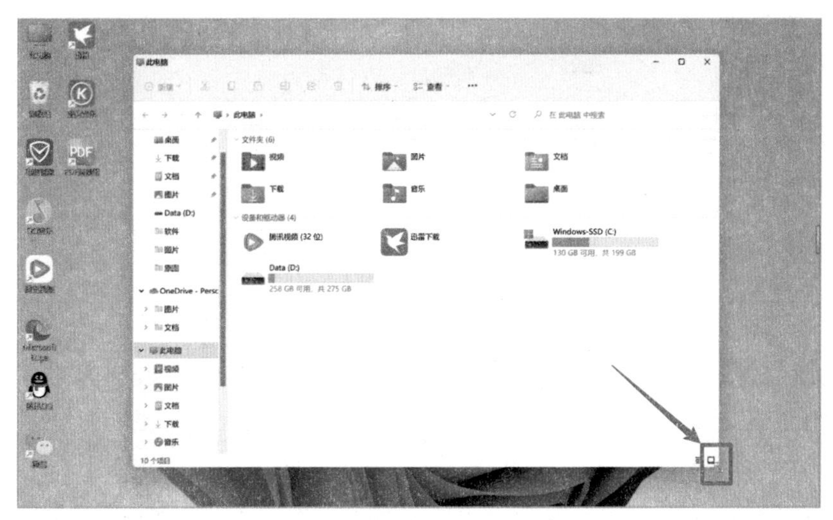

图 2-33

4.更改窗口显示方式

窗口主要有 3 种显示方式：全屏显示、占据屏幕一部分显示、隐藏窗口。改变窗口的显示方式涉及 3 个操作，即最大化、还原和最小化窗口，下面分别进行讲解。

单击窗口标题栏右侧的【 □ 】按钮即可实现最大化，如图 2-34 所示。

图 2-34

单击【 ⧉ 】按钮可以将窗口还原到刚打开时的大小，如图 2-35 所示。

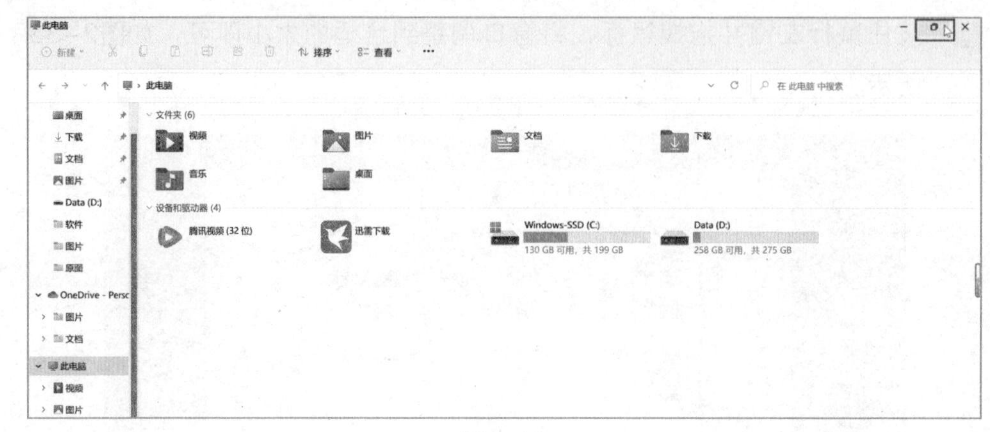

图 2-35

单击【 - 】按钮可以将窗口隐藏到任务栏中，如图 2-36 所示。

图 2-36

5.切换窗口

当用户同时打开多个程序窗口时，为了方便查看相应窗口，可以对这些窗口进行切换，具体操作步骤如下：

方法一：

单击该窗口的任意位置，即可切换到该窗口，如图 2-37 所示。

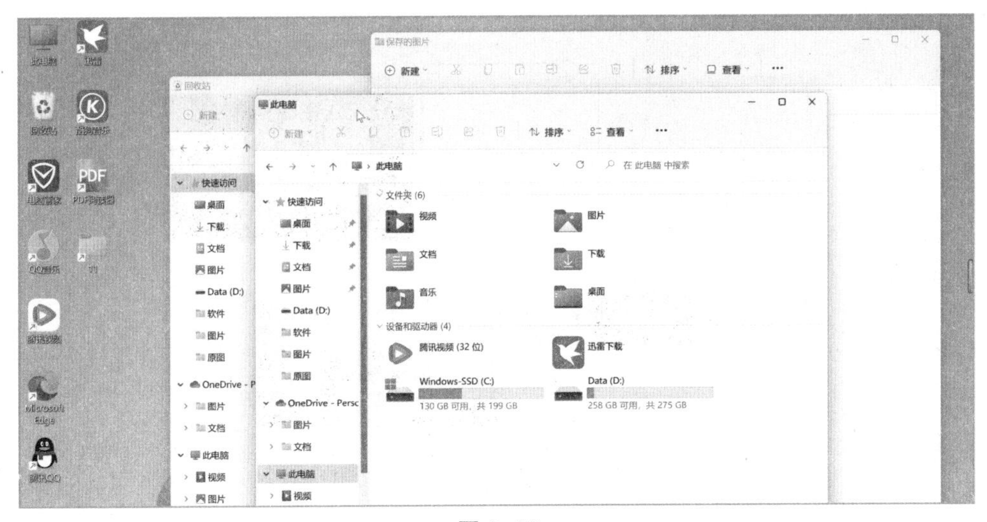

图 2-37

方法二：

用户打开的每个窗口，都会在任务栏中显示一个对应的任务按钮，将鼠标指针放在任务栏上的【 】程序图标上，即可弹出预览窗口，单击打开对应的窗口即可，如图 2-38 所示。

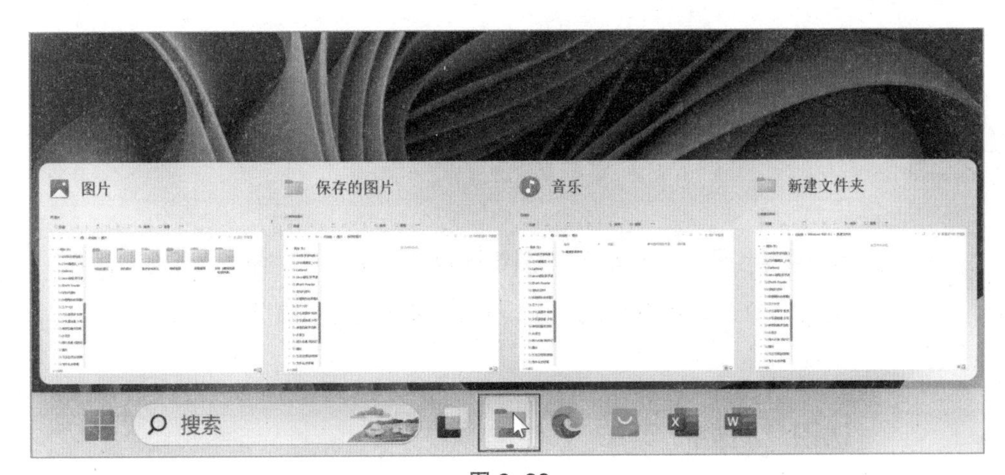

图 2-38

方法三：

也可以按住【Alt+Tab】组合键，弹出窗口缩略图后，松开【Tab】键，按住【Alt】键不放，然后再按【Tab】键，可以快速实现各个窗口的切换，如图 2-39 所示。

图 2-39

实用贴士

如果桌面上的窗口很多，利用【Alt+Tab】组合键逐个移动十分麻烦，用户可以并排对齐窗口，按【Windows+→/←】组合键，可自动调整窗口贴到屏幕两侧，这样就不用来回切换窗口了。

2.3 Windows11“开始”菜单

【开始】菜单也是 Windows 操作系统重要的组件之一，通过【开始】菜单可以执行各种命令，本节将主要介绍【开始】菜单的基本操作。

2.3.1 认识“开始”菜单

在学习【开始】菜单的基本操作之前，我们先认识【开始】菜单。

1.打开“开始”菜单

使用下面两种方法都可以打开【开始】菜单。

单击任务栏上的【开始】按钮，如图 2-40 所示。或按键盘上的【 】键。

图 2-40

2.开始“菜单”组成

【开始】菜单包括搜索框、【已固定】项目、【所有应用】按钮、【推荐的项目】、【用户】按钮和【电源】按钮，如图 2-41 所示。

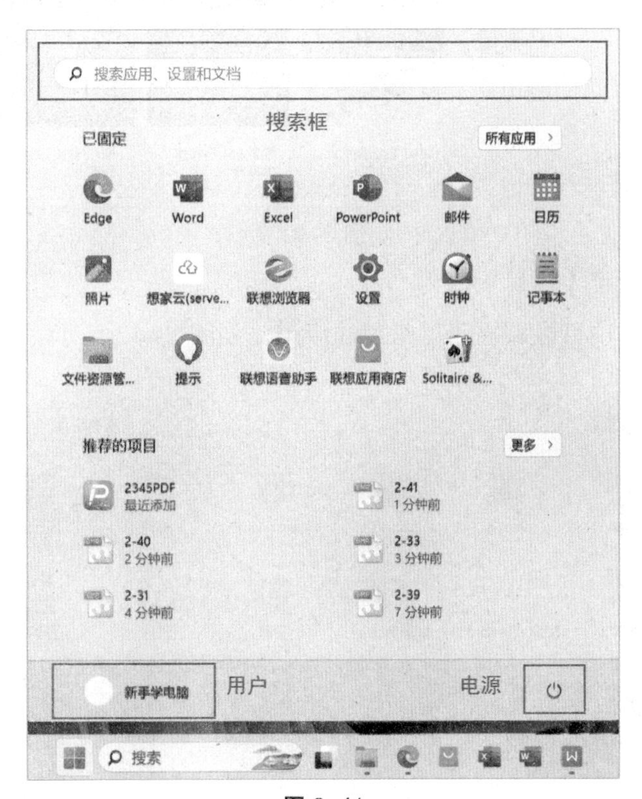

图 2-41

（1）搜索框

单击【搜索框】可以跳转到【搜索】界面，用户可以在其中搜索应用、音乐、视频、文档、网页、设置、文件夹等，如图 2–42 所示。

图 2–42

（2）【已固定】项目

【已固定】项目区域显示了常用的应用，如图 2–43 所示。

图 2–43

（3）【所有应用】按钮

单击【所有应用】按钮，可以打开程序列表，如图 2–44 所示。

（4）【推荐的项目】

【推荐的项目】列表中显示了最近的安装程序、文档等，【推荐的项目】

列表中最多显示6个项目，当超过6个项目时，右侧会显示【更多】按钮，如图2-45所示。

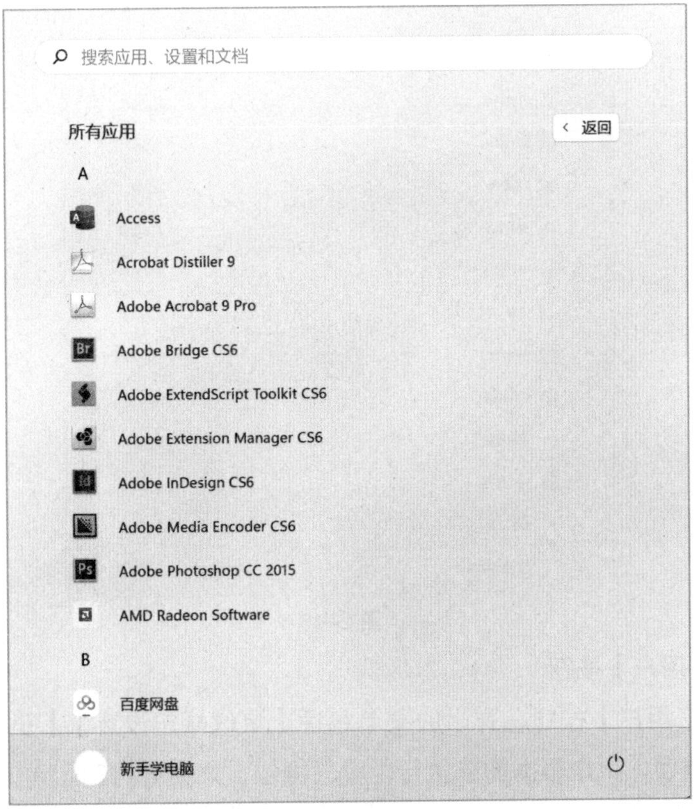

搜索应用、设置和文档
所有应用
返回
A
Access
Acrobat Distiller 9
Adobe Acrobat 9 Pro
Adobe Bridge CS6
Adobe ExtendScript Toolkit CS6
Adobe Extension Manager CS6
Adobe InDesign CS6
Adobe Media Encoder CS6
Adobe Photoshop CC 2015
AMD Radeon Software
B
百度网盘
新手学电脑

图2-44

推荐的项目
更多
百度网盘
最近添加
酷狗音乐
最近添加
QQ音乐
最近添加
腾讯视频
最近添加
2-45
49 秒前
2-43
1 分钟前
新手学电脑

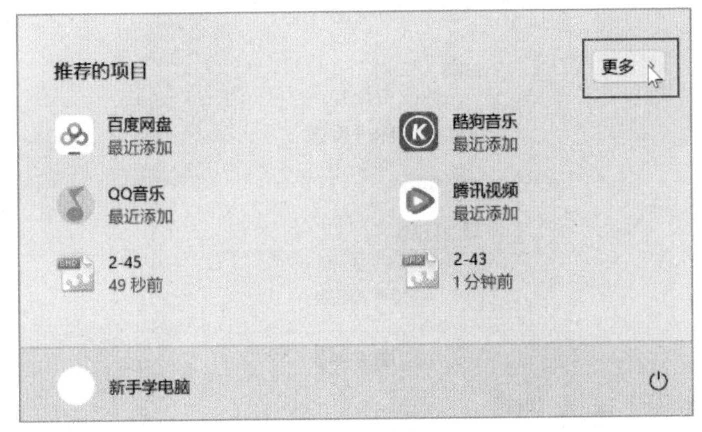

图2-45

单击【更多】按钮即可打开【推荐的项目】列表，如图 2-46 所示。

图 2-46

（5）【用户】按钮

单击【用户】按钮，弹出的菜单包括【更改账户设置】、【锁定】及【注销】3 个选项，用户根据需求执行相应的操作，如图 2-47 所示。

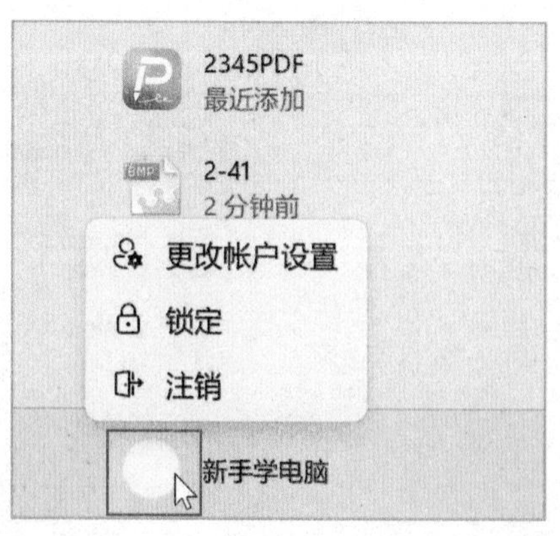

图 2-47

（6）【电源】按钮

【电源】按钮主要用来对电脑进行关闭操作，包括【睡眠】【关机】【重启】

3 个选项，如图 2-48 所示。

图 2-48

2.3.2 将程序固定到“开始”菜单

用户根据使用需求，可以选择将其中的程序图标固定到【开始】菜单，也可以取消固定，具体操作步骤如下：

1 单击任务栏上的【▦】按钮，打开【开始】菜单，单击【所有应用】按钮，如图2-49所示。

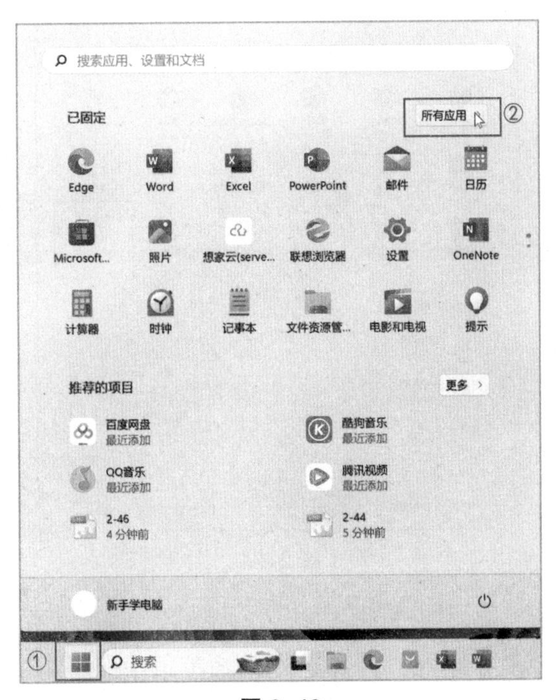

图 2-49

2 打开【所有应用】列表，右击【酷狗音乐】图标，在弹出的快捷菜单中，单击【固定到“开始”屏幕】命令，如图2-50所示。

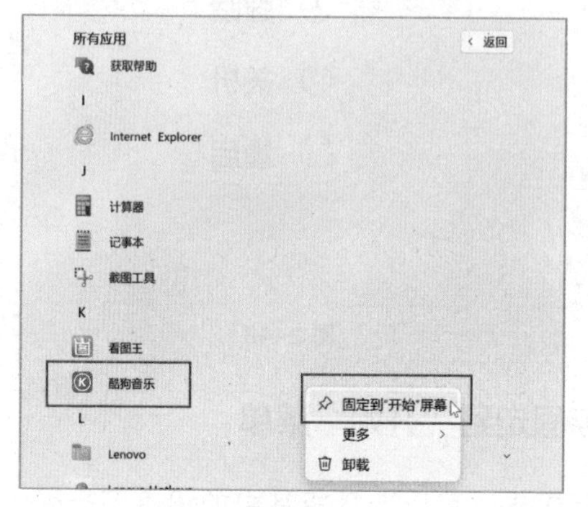

图 2-50

3 返回【开始】菜单，此时该程序被固定到【开始】菜单中，如图2-51所示。

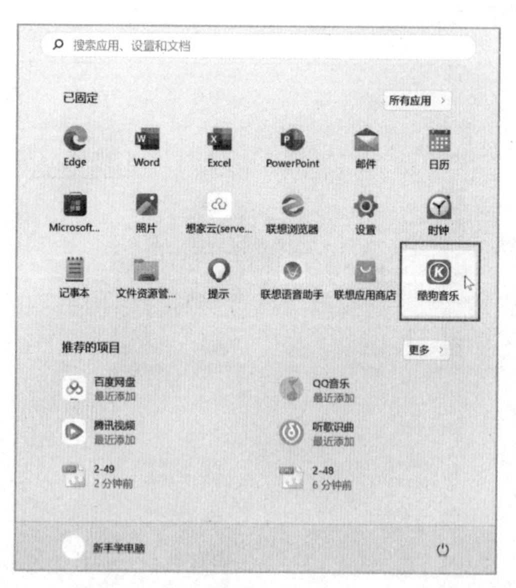

图 2-51

如果想要将某个应用程序取消固定，可以这样操作：

右击【酷狗音乐】图标，在弹出的快捷菜单中选择【从“开始”屏幕取消固定】命令即可，如图 2-52 所示。

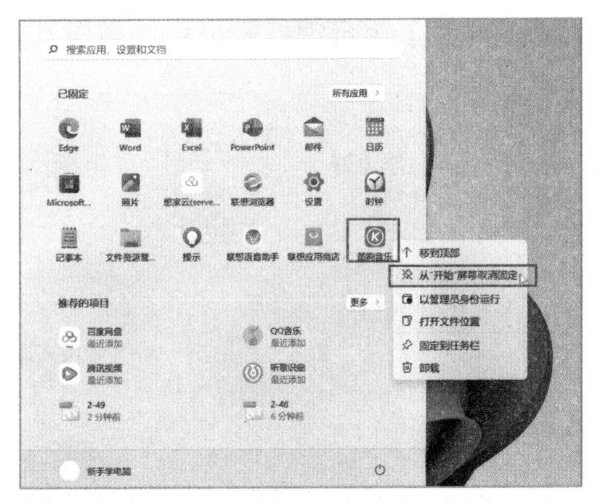

图 2-52

【开始】菜单下方只有【用户】和【电源】两个按钮，用户也可以在【电源】按钮旁边显示文件夹。按【Windows+I】组合键打开【设置】面板，依次点击【个性化】→【开始】→【文件夹】选项，将开关按钮设置为【开】，就能看见电源按钮旁边的【开始】菜单上显示的文件夹。

2.4 管理和设置小组件

小组件是一种在桌面上显示的小工具，提供了实用的信息和功能。用户可以使用小组件，获取新闻、天气、地图等信息。

2.4.1 打开小组件

要想访问并使用小组件，用户需要先登录 Microsoft 账号，登录后即可显示小组件面板。注册及登录方法见本书 3.1.1 节“注册和登录 Microsoft 账户”。打开小组件的具体操作步骤如下：

单击任务栏中的【小组件】按钮，即可打开小组件面板，如图 2-53 所示。也可以按【Windows+W】组合键打开小组件面板。

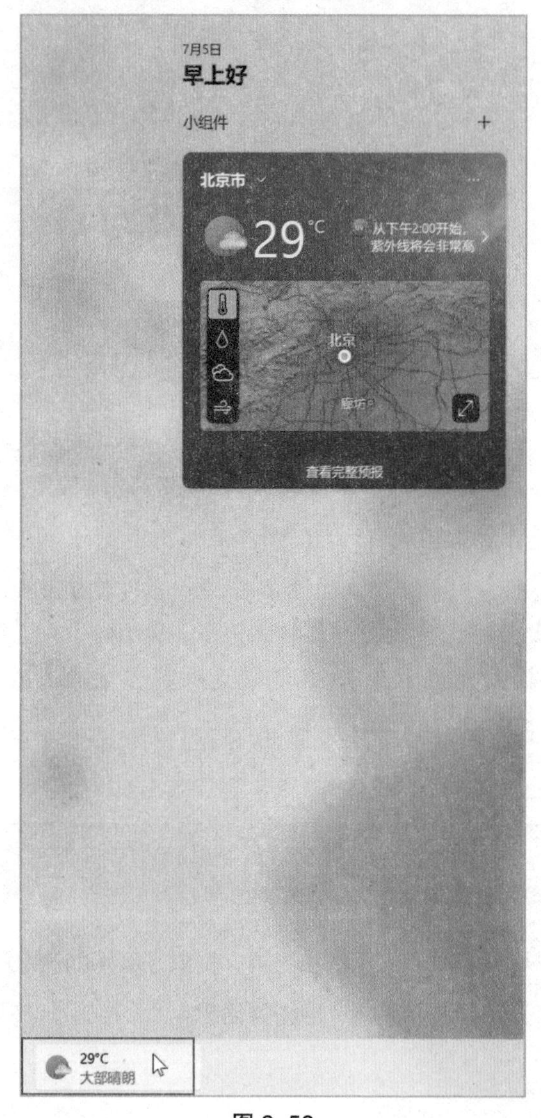

图 2–53

2.4.2 添加小组件

用户可以根据需要在面板中添加小组件，具体操作步骤如下：

1 按【Windows+W】组合键打开小组件面板，单击小组件面板右上角的【+】按钮，如图2–54所示。

图 2-54

2 打开【固定小组件】界面，左侧为小组件类型选项卡，单击要添加的小组件类型，选择固定按钮即可添加成功，如图2-55所示。

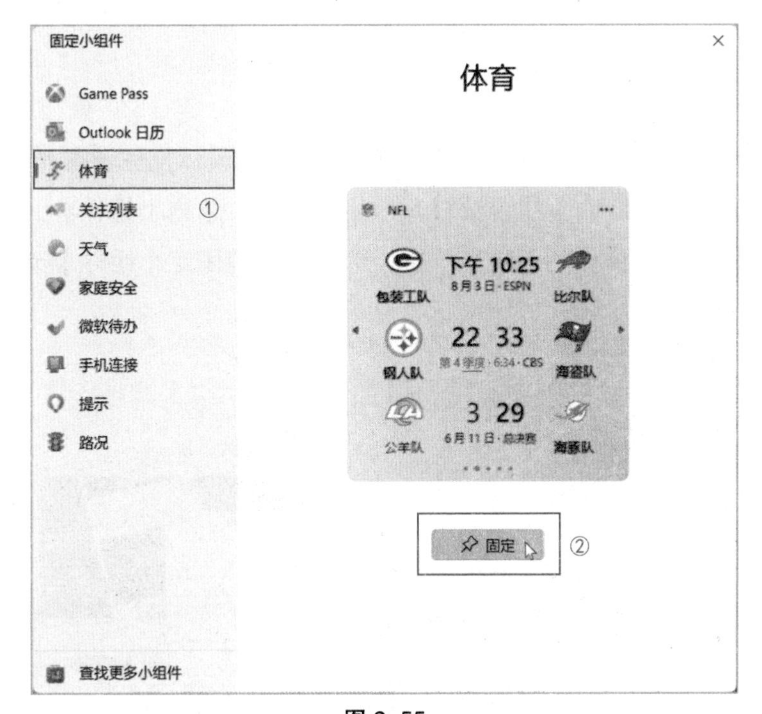

图 2-55

3 返回小组件面板，可以看到添加的小组件，如图2-56所示。

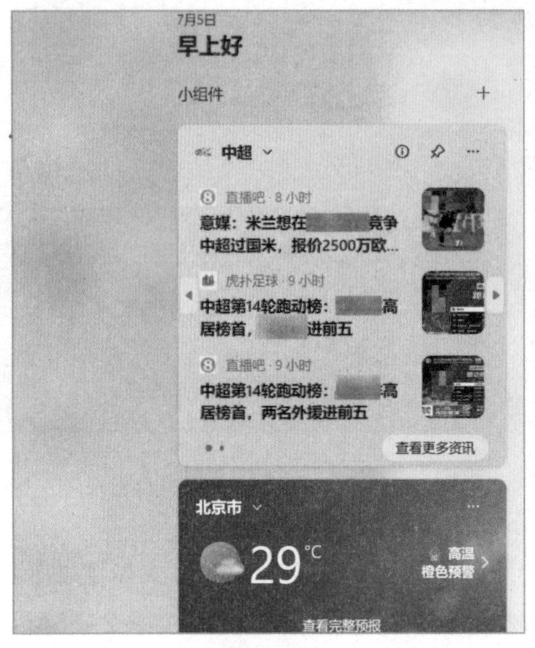

图 2–56

2.4.3 删除小组件

除了添加小组件外，用户还可以删除小组件，具体操作步骤如下：

1. 按【Windows+W】组合键打开小组件面板，单击小组件右上角的【更多】按钮，在弹出的下拉菜单中，选择【取消固定小组件】选项，如图2–57所示。

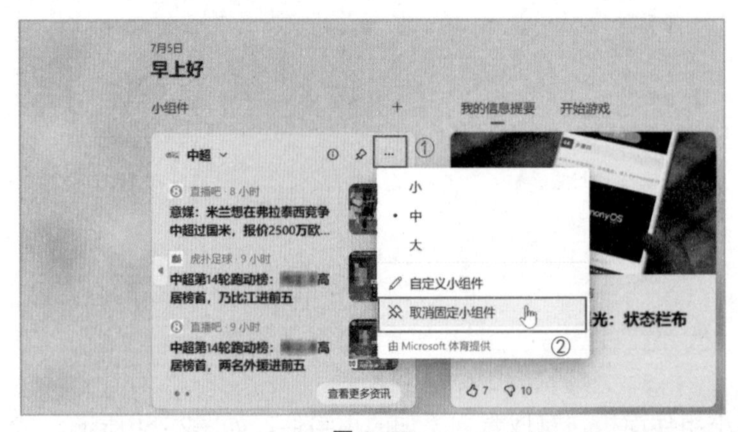

图 2–57

2 返回小组件面板，可以看到该小组件已从面板中删除，如图2-58所示。

图 2-58

实用贴士

如果用户不想使用小组件功能，可以将其关闭，用【Windows+I】组合键打开设置面板，单击【个性化 > 任务栏】选项，在任务栏中将小组件开关按钮设置为【关】，即可关闭小组件功能。

2.5 使用虚拟桌面

虚拟桌面又称多桌面，用户可以创建和切换不同的虚拟桌面，如一个办公桌面、一个娱乐桌面，通过使用虚拟桌面，用户可以更好地组织和管理自己的工作，将不同的任务、项目或者娱乐活动隔离开，提高工作效率。

下面介绍多桌面的使用方法与技巧，最终的显示效果如图 2-59 所示。

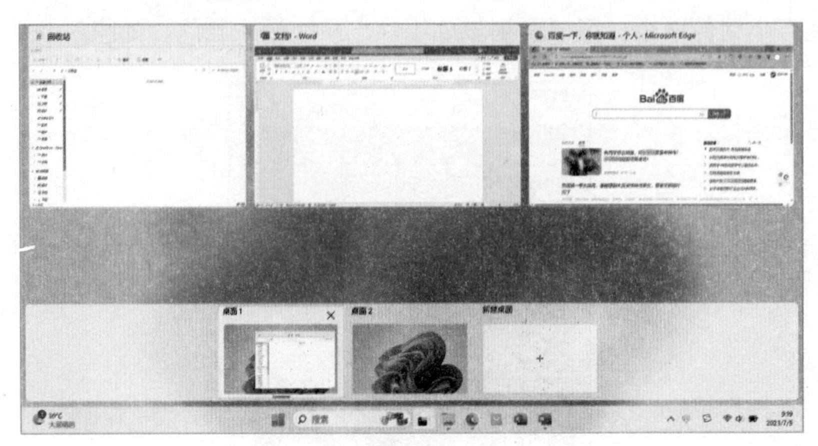

图 2-59

1 单击任务栏上的【 】按钮，在弹出的浮框中选择【新建桌面】按钮，如图2-60所示。

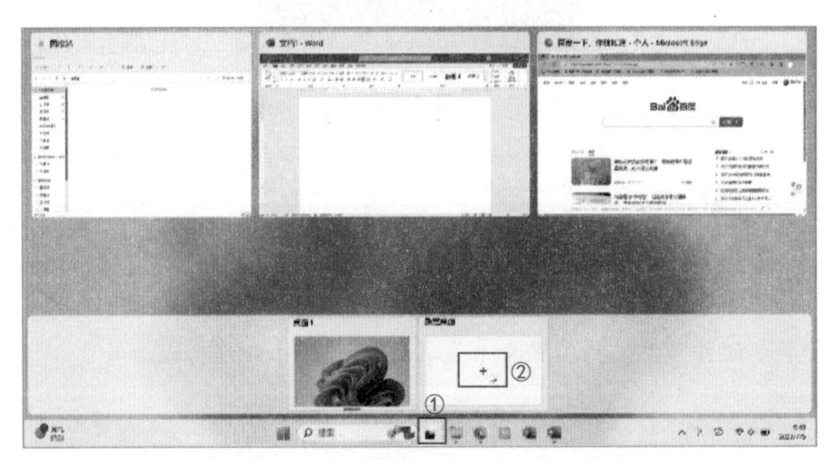

图 2-60

2 此时即可新建一个名为【桌面2】的桌面，如图2-61所示。

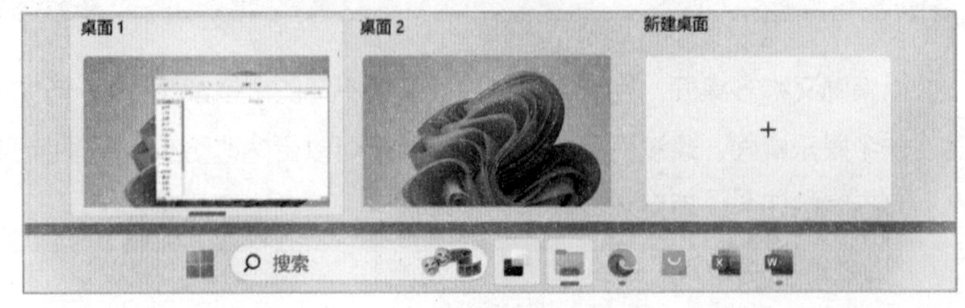

图 2-61

3 进入【桌面1】操作界面，在需要移动的程序窗口上右击，在弹出的快

捷菜单中选择【移动到】→【桌面2】命令，如图2-62所示。

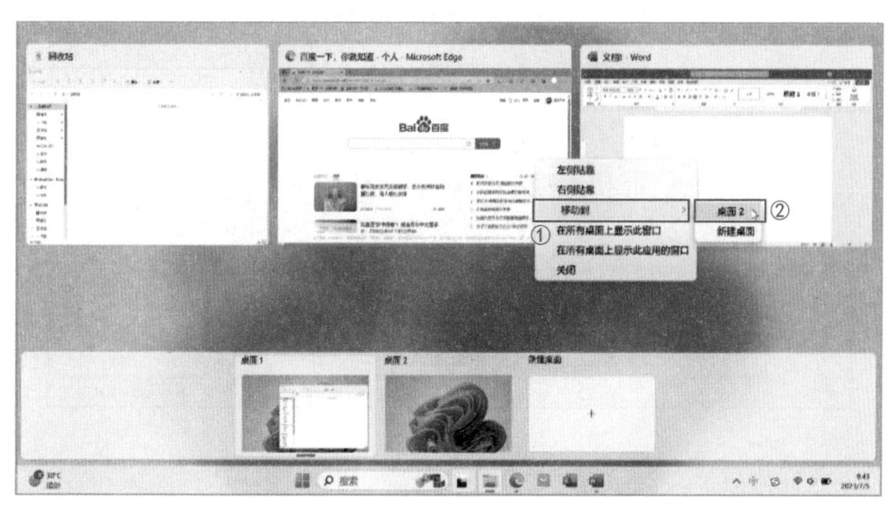

图 2-62

4 此时Microsoft Edge浏览器程序已移动到【桌面2】中，如图2-63所示。

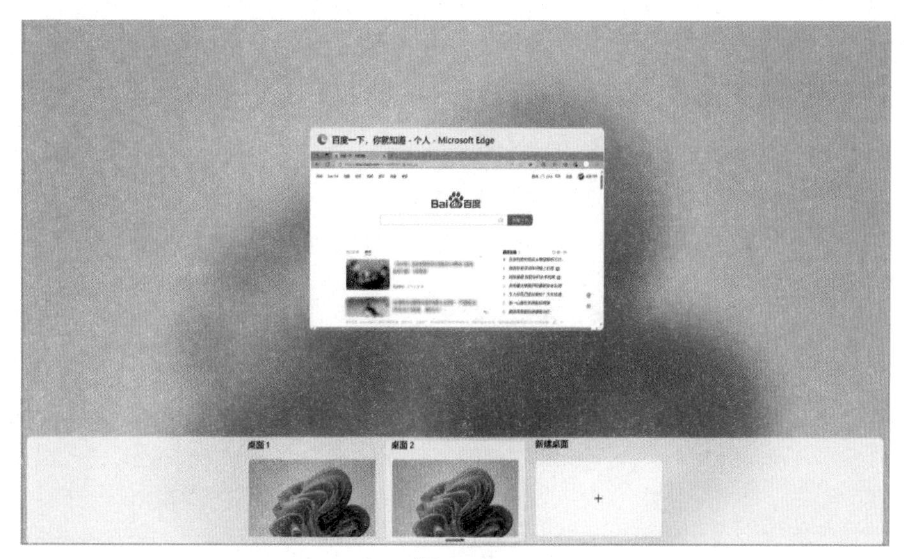

图 2-63

5 如果不再需要虚拟桌面，可以单击桌面右上角的【×】按钮，删除该桌面，如图2-64所示。

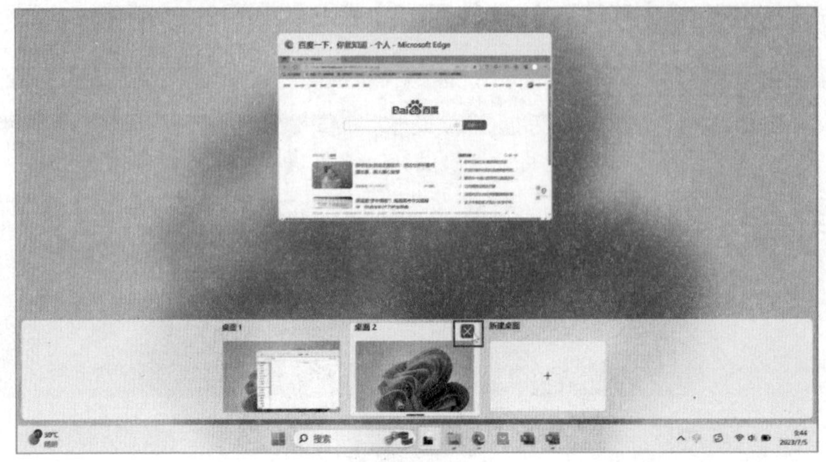

图 2-64

实用贴士

通过虚拟桌面功能，可以在一台电脑上创建多个桌面，并且可以相互切换，除了用鼠标来回切换，还可以按【Windows+Ctrl】+左右方向键快速切换桌面。

Chapter

03

第 3 章 Windows 11 个性化设置

Windows 11操作系统是一个非常个性化的系统，引入了全新的用户界面和设计语言，具有更现代、简洁和优化的外观。用户可以对Windows 11系统进行个性化设置，使其更加符合自己的使用习惯，提高工作效率。本章将具体介绍设置个性化系统的基本操作方法。

学习要点：★掌握设置账户的方法

★学会使用桌面个性化等功能

★学会使用桌面显示等功能

3.1 系统账户设置

Microsoft 账户是由 Microsoft 提供的一种身份验证系统。通过创建一个 Microsoft 账户，用户可以访问 Windows 操作系统、Office 办公软件、OneDrive 云存储等服务。本章主要介绍 Microsoft 账户的设置与应用。

3.1.1 注册和登录Microsoft账户

要使用 Microsoft 账户管理设备，首先需要在此设备上注册并登录 Microsoft 账户，具体操作步骤如下：

1 按【■】，在弹出的【开始】菜单面板中单击【设置】按钮，如图3-1所示。

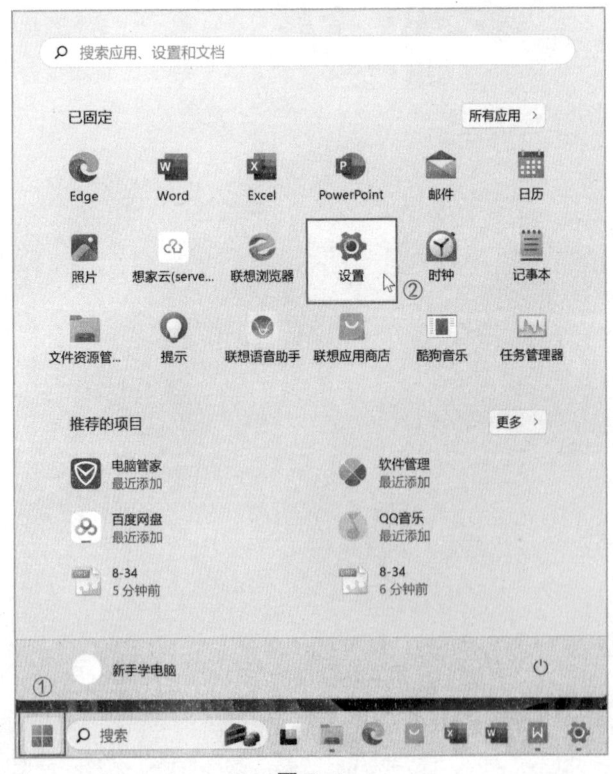

图 3-1

2 打开【设置】对话框，在左侧选择【账户】选项卡，在右侧单击【你的信息】选项，如图3-2所示。

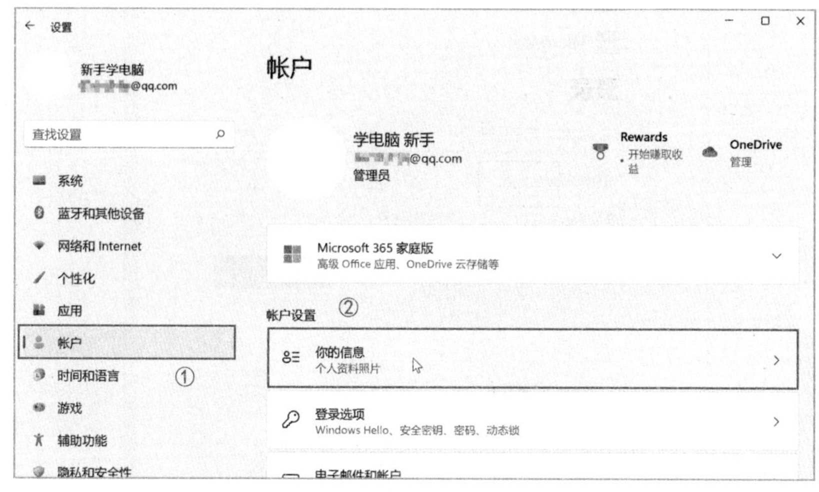

图 3-2

3 打开【账户>账户信息】界面，单击【改用本地账户登录】链接，如图3-3所示。

图 3-3

4 打开【登录】界面，在文本框中输入电子邮件或电话号码，如果没有账户，则单击【创建一个！】链接，如图3-4所示。

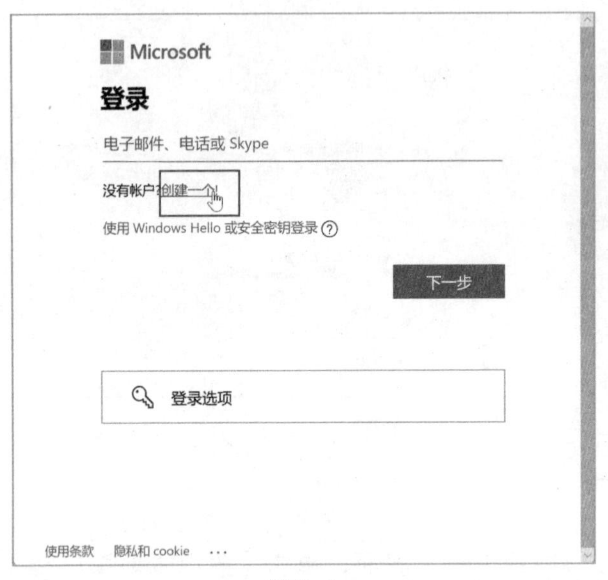

图 3-4

5 打开【创建账户】界面，在文本框中输入电子邮件地址，然后单击【下一步】按钮，如图3-5所示。

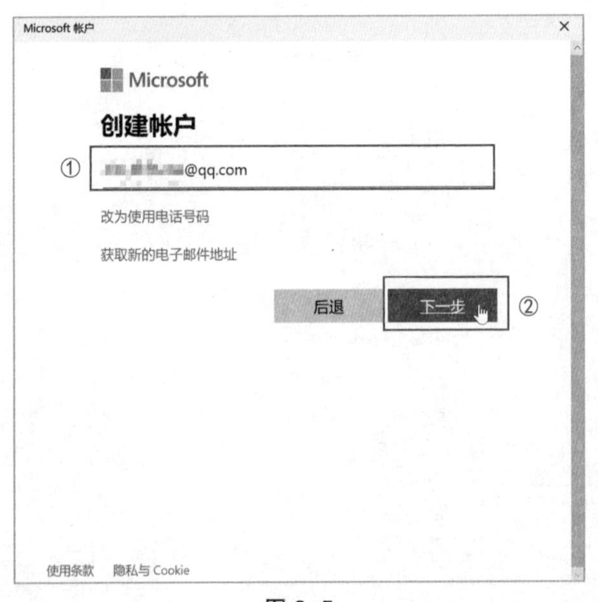

图 3-5

6 打开【创建密码】界面，在文本框中输入密码，然后单击【下一步】按钮，如图3-6所示。

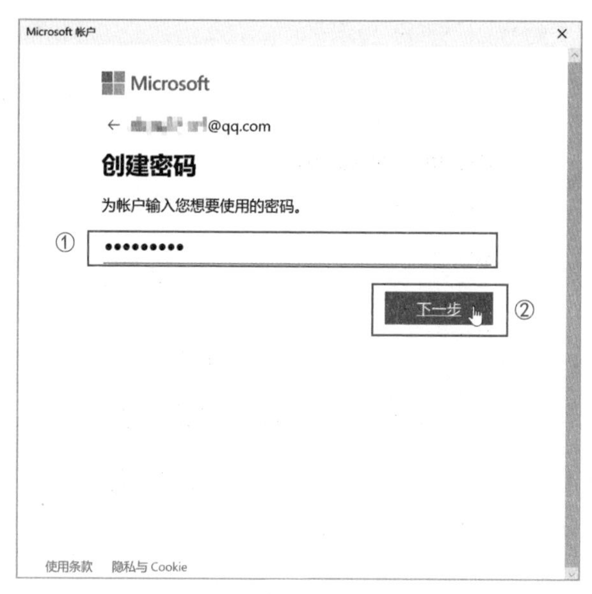

图 3-6

7 打开【你的名字是什么？】界面，输入姓名，然后单击【下一步】按钮，如图3-7所示。

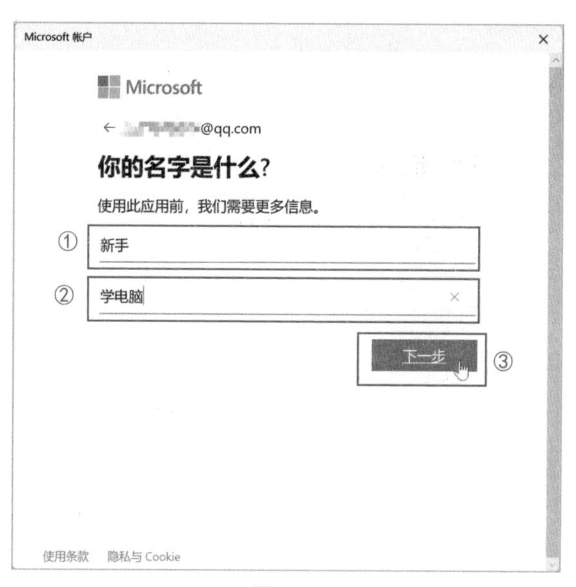

图 3-7

8 打开【你的出生日期是哪一天？】界面，输入【国家/地区】和【出生日期】信息，然后单击【下一步】按钮，如图3-8所示。

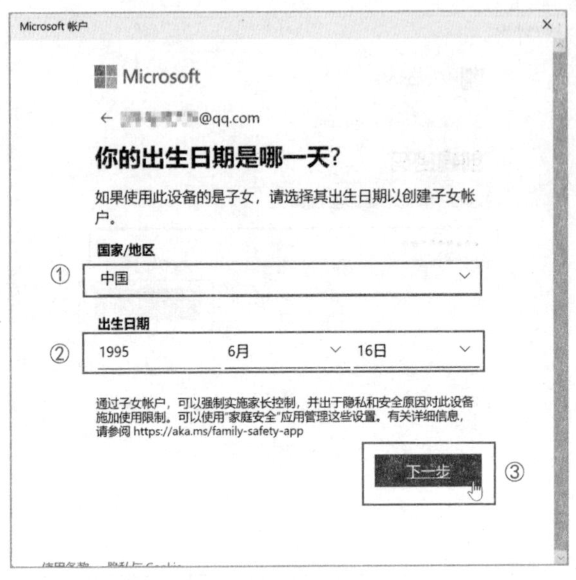

图 3-8

9 打开【验证电子邮件】界面，在文本框中输入注册邮箱中收到的验证码，然后单击【下一步】按钮，如图3-9所示。

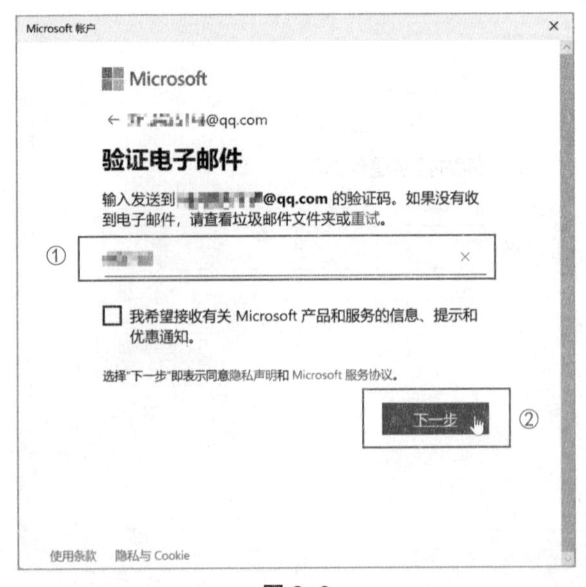

图 3-9

10 进入【使用Microsoft账户登录此计算机】界面，用户需要在文本框中提供当前Windows密码；如未设置密码，则不填写，直接单击【下一步】按钮，如图3-10所示。

图 3-10

11 账户注册成功后，返回【账户>账户信息】界面，即可查看账户的基本信息，如图3-11所示。

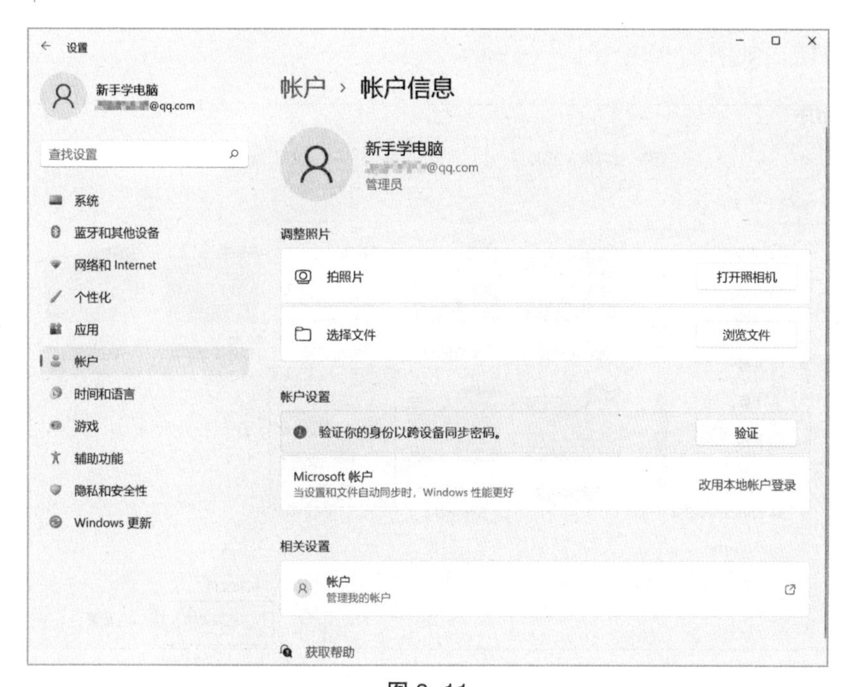

图 3-11

3.1.2 设置账户头像

不管是本地账户还是 Microsoft 账户，用户都可以设置账户的头像，具体操作步骤如下：

1 打开【账户>账户信息】界面，单击【选择文件】右侧的【浏览文件】按钮，如图3-12所示。

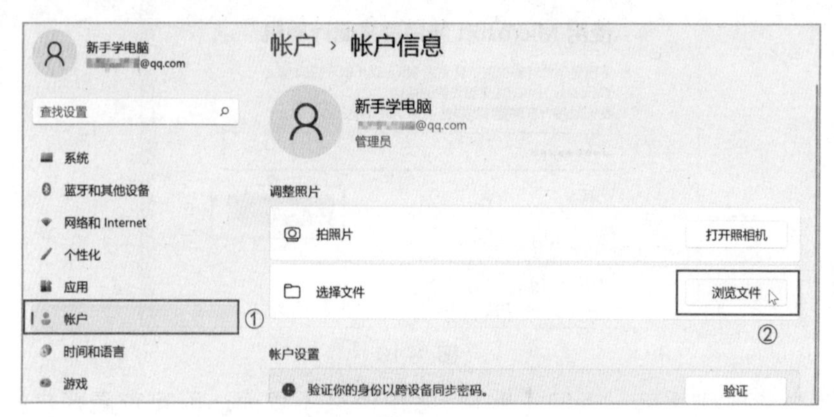

图 3-12

2 打开【打开】对话框，选择想要作为头像的图片，然后单击【选择图片】按钮，如图3-13所示。

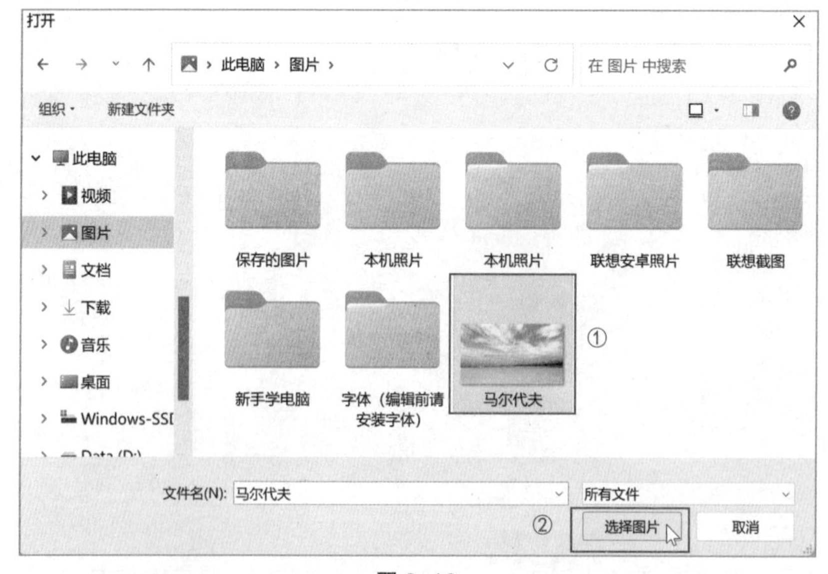

图 3-13

3　返回【账户】界面中，可以看到设置头像后的效果，如图3-14所示。

图 3-14

3.1.3　修改账户登录密码

如果需要更改账户登录密码，可以按照以下步骤操作：

1　按【Windows+I】组合键打开【设置】对话框，选择【账户】→【登录选项】，如图3-15所示。

图 3-15

2 进入【登录选项】界面，登录方式有【面部识别】【指纹识别】【PIN】3种，用户根据提示进行操作即可。以【PIN】为例，单击【PIN】右侧【∨】下拉按钮，在弹出的列表选择【更改PIN】选项，如图3-16所示。

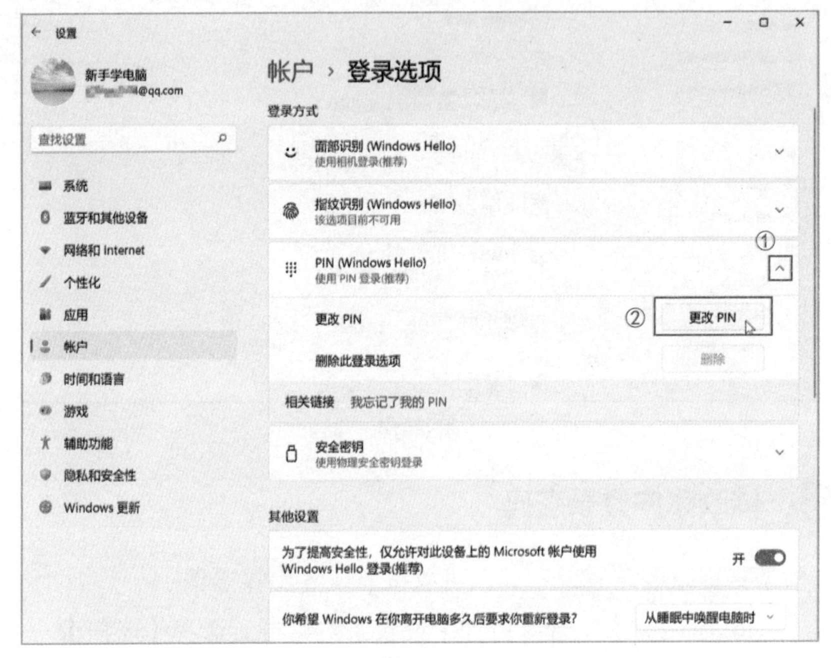

图 3-16

3 弹出【Windows安全中心】页面，在其中输入PIN码，输入完成后，点击【确定】按钮即可完成修改，如图3-17所示。

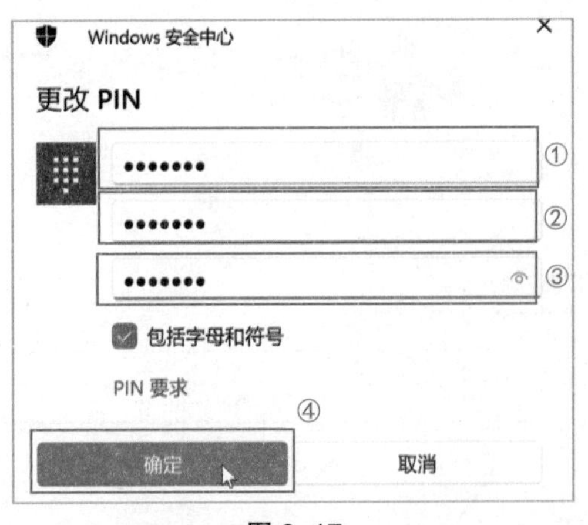

图 3-17

实用贴士

【面部识别】和【指纹识别】需要电脑的硬件支持，主要用于笔记本电脑。使用面部识别进行登录时，用户需要首先设置面部识别功能，并在登录时将面部对准摄像头。系统会对比用户当前的面部图像与之前注册的面部特征，以确定用户的身份。如果验证成功，用户将自动登录到 Microsoft 账户中。

3.2 桌面个性化设置

在 Windows 11 操作系统中，用户可以根据需要设置桌面主题、桌面壁纸、锁屏界面等，以更改系统外观，美化操作系统。

3.2.1 设置桌面主题

主题是桌面背景图片、窗口颜色和声音的组合，用户可对主题进行设置，具体操作步骤如下：

1 右击桌面空白处，在弹出的快捷菜单中选择【个性化】命令，如图3-18所示。

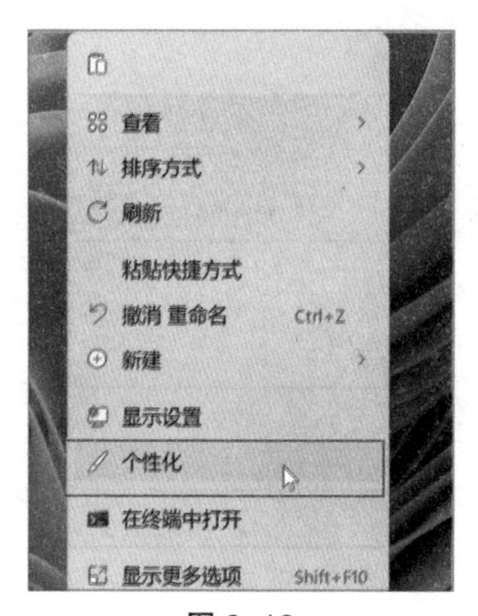

图 3-18

2 打开【个性化】窗口，在右侧【选择要应用的主题】下包含6个主题，单击一种主题即可更换，如图3-19所示。

图 3-19

3 操作完成后，可以看到电脑主题已经更换，如图3-20所示。

图 3-20

3.2.2 设置桌面背景

桌面背景又称“墙纸”，用户可以根据实际需要进行更换，可以使用系统图片，也可以使用自己喜欢的图片，将其设置成桌面背景，具体操作步骤如下：

1 在桌面空白处右击，在弹出的快捷菜单中选择【个性化】命令，如图3-21所示。

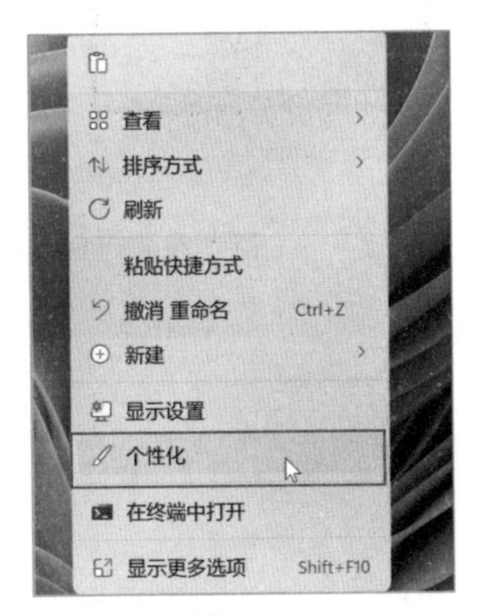

图 3-21

2 打开【个性化】窗口，单击右侧的【背景】选项，如图3-22所示。

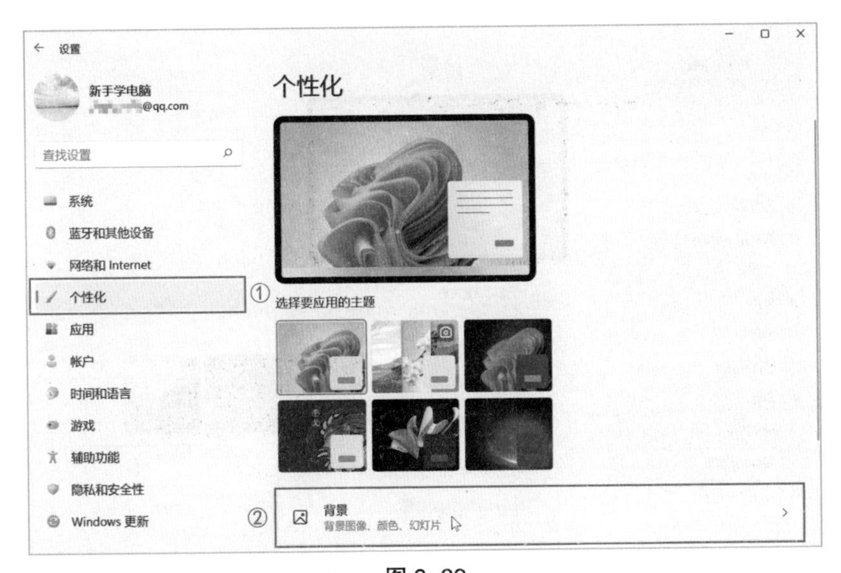

图 3-22

3 进入【个性化>背景】界面，可以在【最近使用的图像】区域单击其中的一张图片，这样即可将该图片设置成桌面背景，如图3-23所示。

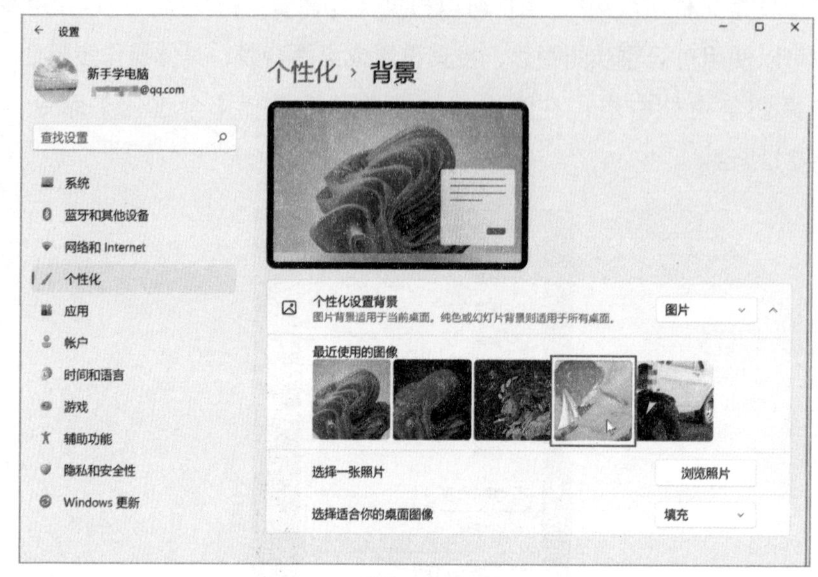

图 2-23

4 如果用户想选择本地图片设置成桌面背景，就需要单击【浏览照片】按钮，如图3-24所示。

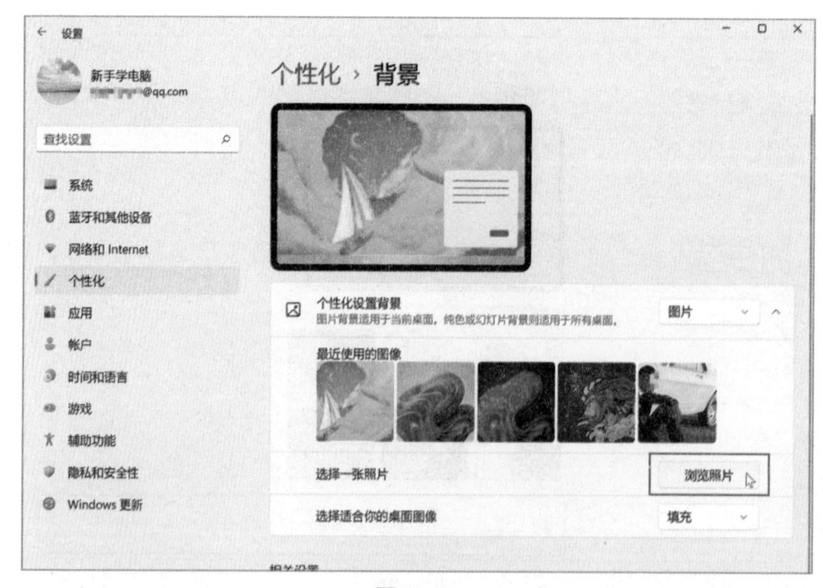

图 3-24

5 弹出【打开】对话框，在本地文件中选择一张图片，单击【选择图片】按钮，即可将该图片设置成桌面背景，如图3-25所示。

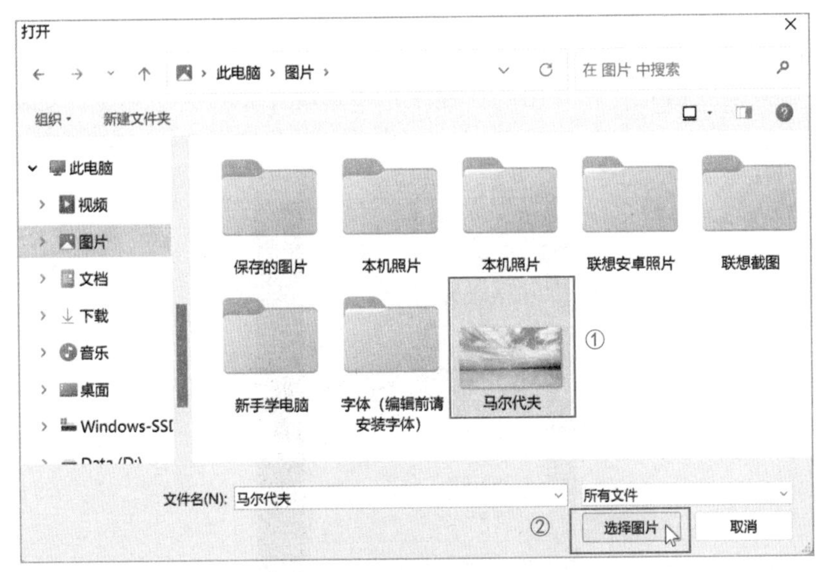

图 3-25

6 返回【个性化>背景】界面，可以在预览图中查看预览效果，如图3-26所示。

图 3-26

3.2.3 设置锁屏界面

当用户需要离开电脑一段时间时，为保护自己的隐私安全，用户可自行设置锁屏界面，具体操作步骤如下：

1 右击桌面空白处，在弹出的快捷菜单中选择【个性化】命令，如图3-27所示。

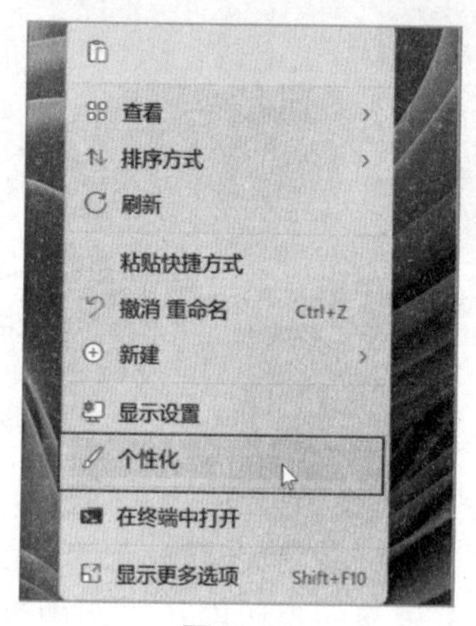

图 3-27

2 打开【个性化】窗口，单击右侧的【锁屏界面】选项，如图3-28所示。

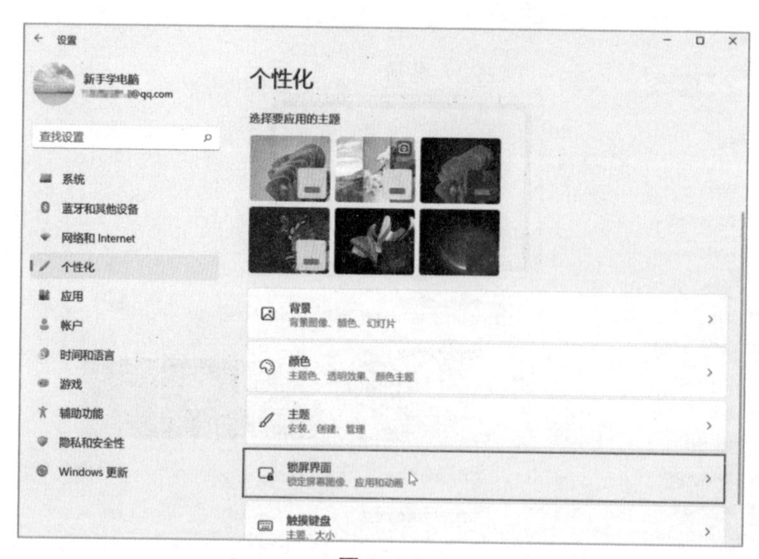

图 3-28

3 进入【个性化>锁屏界面】界面，单击【个性化锁屏界面】右侧【图片】下拉按钮，如图3–29所示。

图 3–29

4 在弹出的下拉列表中包含三种锁屏背景，分别是【Windows聚焦】【图片】和【幻灯片放映】，用户根据自己的需求自行选择即可。以选择【Windows聚焦】为例，如图3–30所示。

图 3–30

5 按【Windows+L】组合键，即可进入锁屏界面看到锁屏效果，如图3-31所示。

图 3-31

实用贴士

Windows11 操作系统增加了【夜间模式】，适用于夜晚或光线不充足的情况下，开启后可以减少蓝光，一定程度上可减轻用眼疲劳。按下【Windows+A】组合键，点击【 ✎ 】图标即可进入【快速更改设置】面板，单击【 ☼ 】按钮，即可开启夜间模式。

3.3 电脑显示设置

在 Windows 11 操作系统中，用户可以根据需要设置系统日期和时间、调节系统音量等操作，以便于更加便利地使用电脑。

3.3.1 设置系统日期和时间

在 Windows11 操作系统任务栏最右侧默认显示的是当前系统的时间和日期，如果系统显示时间不对，用户可以进行更改。

更改时间和日期的具体操作步骤如下：

1 单击任务栏上的【■】按钮，在弹出的快捷菜单中选择【设置】命令，如图3–32所示。

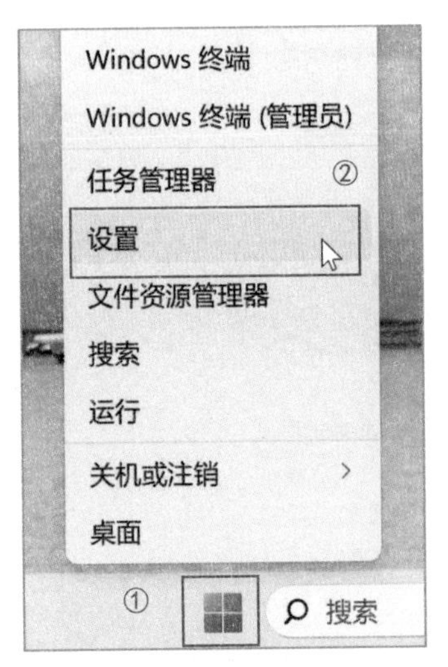

图 3–32

2 打开【设置】窗口，选择【时间和语言】选项卡，单击右侧【日期和时间】选项，如图3–33所示。

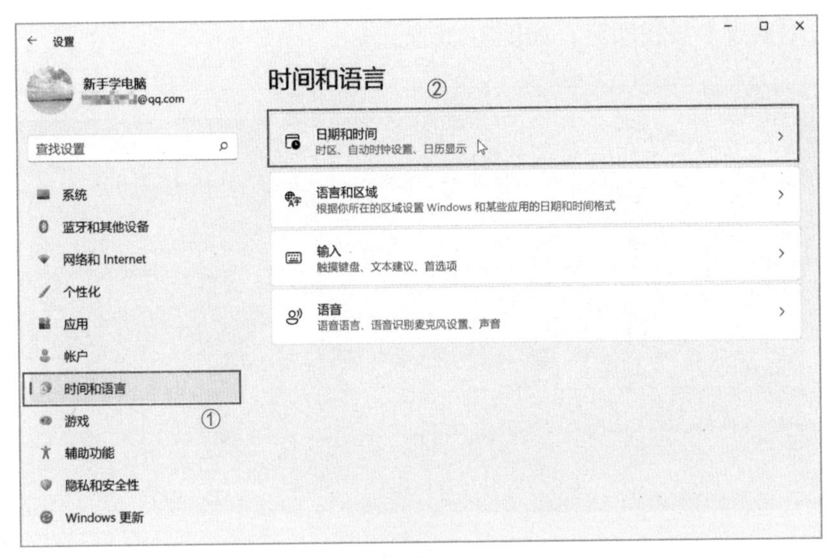

图 3–33

3 在【日期和时间】界面将【自动设置时间】按钮设置为【关】，然后单击【更改】按钮，如图3-34所示。

图 3-34

4 打开【更改日期和时间】对话框，分别将日期和时间设置正确，然后单击【更改】按钮即可，如图3-35所示。

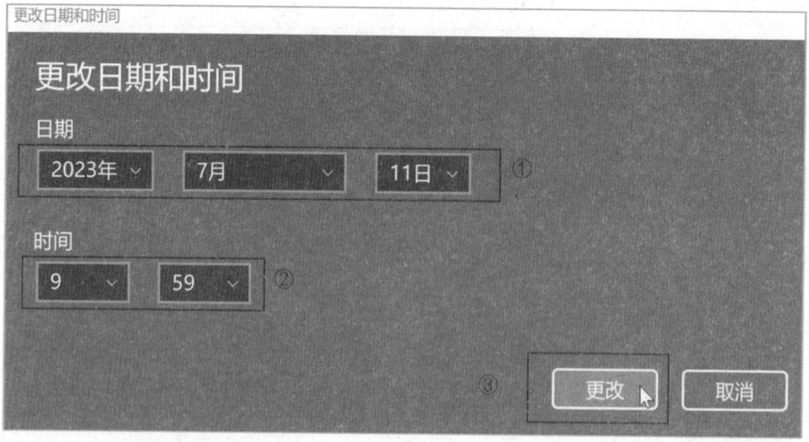

图 3-35

3.3.2 调节系统音量

用户用电脑听音乐或者看电视剧、电影时，可以根据需要调节音量，具体操作步骤如下：

1 单击任务栏右侧的【🔊】图标，弹出【扬声器】窗口，拖动音量控制滑块即可调节音量大小，如图3-36所示。

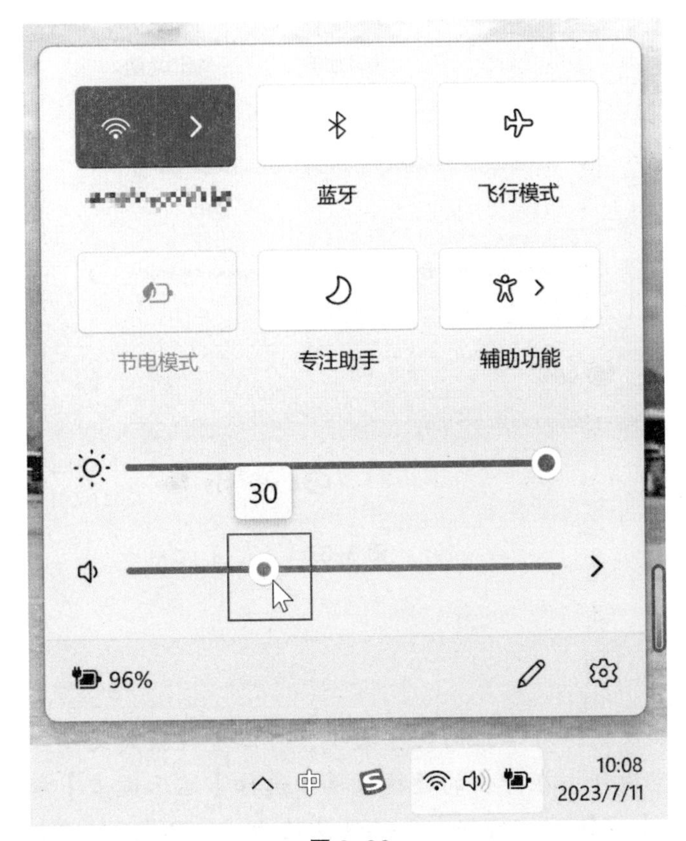

图 3-36

2 如果要设置成静音，可直接单击【扬声器】窗口中的【🔈】按钮，当该图标变成【🔇】按钮，静音便设置成功了，如图3-37所示。

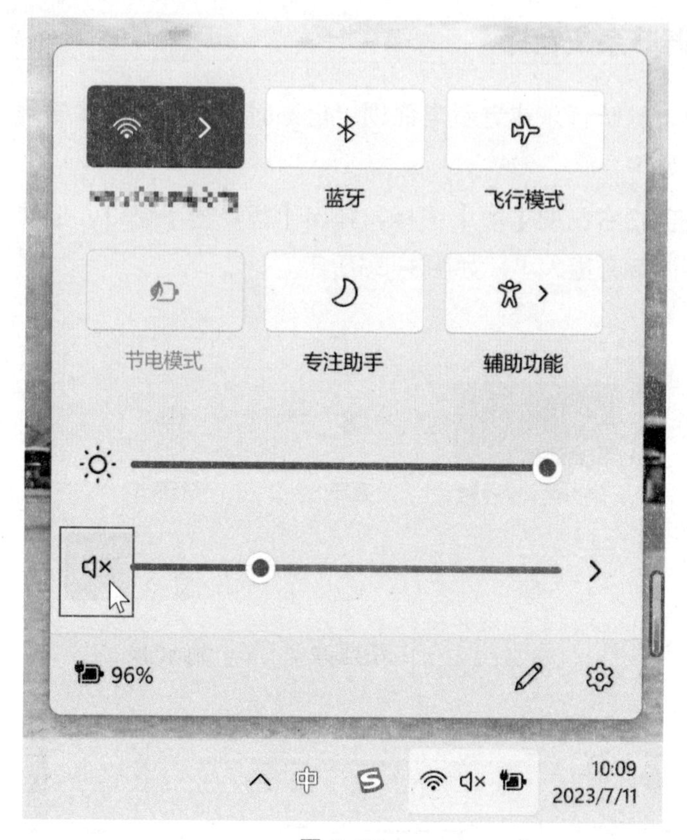

图 3–37

实用贴士

如果觉得屏幕上的文字太小，可以进行放大文字操作。右击桌面空白处，在弹出的快捷菜单中选择【显示设置】命令，单击【缩放】右侧下拉按钮，系统默认值为“100%”，如增大可以选择“125%”，即可更改桌面布局和字体大小。

Chapter

04

第 4 章

管理电脑中的文件资源

电脑中的信息都是以文件的形式存储的，只有管理好电脑中的文件资源，才能很好地运用操作系统进行工作和学习。本章主要介绍电脑中的文件资源的管理方法。

学习要点：★了解文件和文件夹的知识

★掌握文件和文件夹的基本操作方法

★掌握文件和文件夹的高级操作方法

★掌握回收站的操作方法

4.1 认识文件和文件夹

在电脑管理操作中，最常见的操作就是对电脑中的文件和文件夹进行管理，只有正确掌握管理文件资源的方法，才能够更好地使用和操作电脑，下面介绍文件资源的基础知识。

4.1.1 文件和文件夹

文件和文件夹是计算机中的两个重要的组成部分，对电脑中的资源进行管理，实际上就是对文件和文件夹进行管理，在管理文件和文件夹之前，首先要认识文件和文件夹。

1.文件

文件是计算机中存储数据的基本单位。它是一个以实现某种功能或某个软件的部分功能为目的而定义的单位。文件以特定的格式和扩展名保存，以便计算机能够识别和处理，如图 4–1 所示。

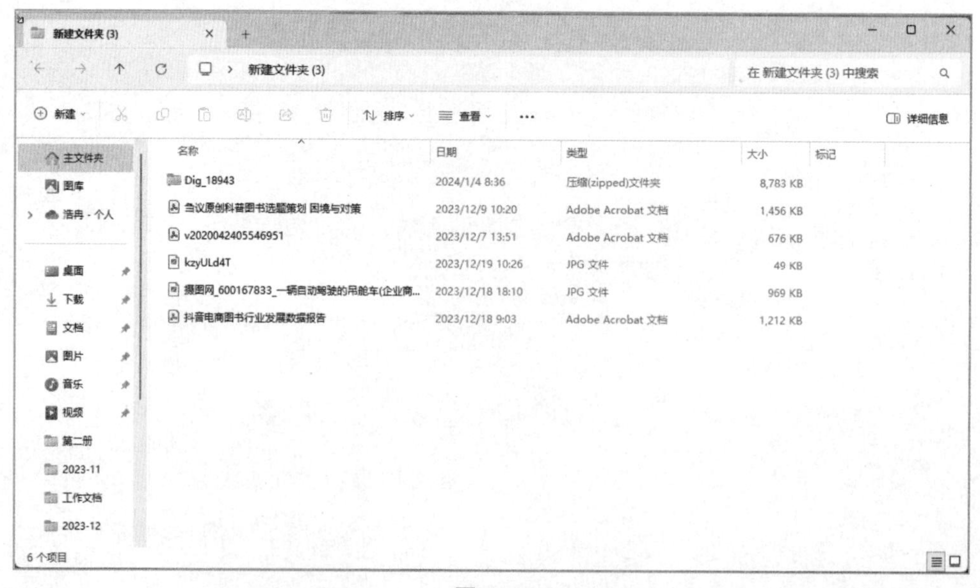

图 4–1

2.文件夹

文件夹是用于组织和存储文件的容器，在计算机中以层次结构的形式存在。文件夹可以包含其他文件和文件夹，帮助用户整理和管理数据。通过使用文件夹，用户可以将相关的文件放在一起，从而便于用户高效地管理文件，如图 4–2 所示。

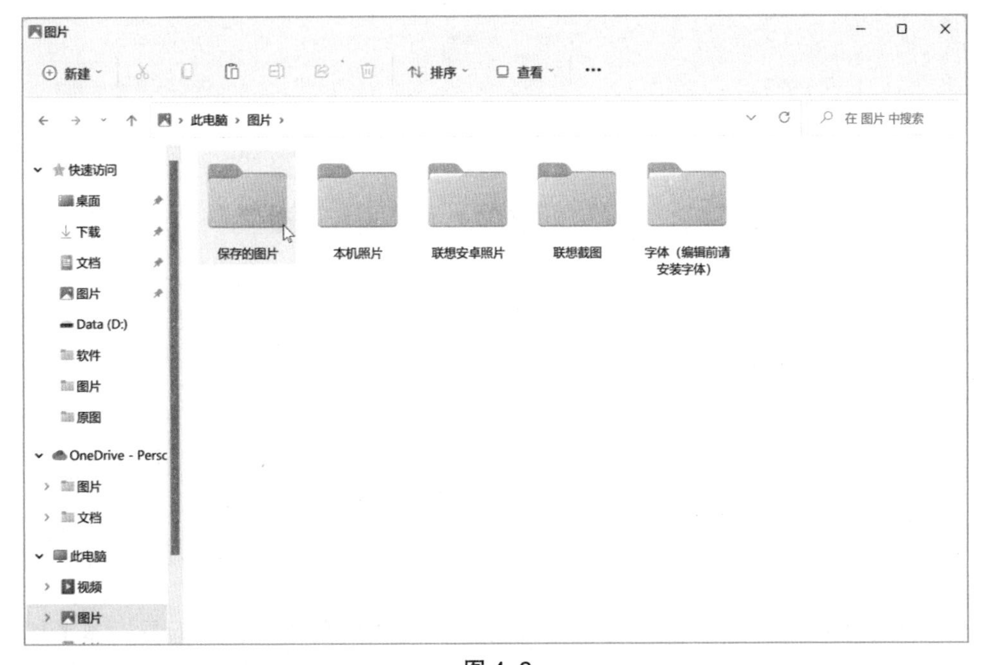

图 4–2

实用贴士

在文件夹中，可以进行更改文件的视图和排序方式，单击工具栏中的【查看】按钮，在弹出的下拉菜单中选择需要的文件视图方式，即可更改文件的视图方式；在窗口空白处右击，在弹出的快捷菜单中选择【排序方式】命令，在弹出的扩展菜单中选择需要的排序方式，即可更改文件的排序方式。

4.1.2 文件或文件夹的存放位置

电脑中的文件或文件夹一般存放在该电脑中的磁盘或“Administrator”

文件夹中。

1.电脑磁盘

文件可以储存在电脑磁盘的任何地方，但是为了便于管理，文件的存放有以下常见的规则，如图 4–3 所示。

图 4–3

电脑的硬盘可以分区，分几个都可以，具体硬盘划分因人而异，本节以划分两个硬盘 C 盘、D 盘为例。

两个盘的功能分别如下。

C 盘主要用来存放系统文件，也是默认的系统磁盘。所谓系统文件，是指操作系统和应用软件中的系统操作部分。默认情况下系统会被安装在 C 盘，包括常用的程序。由于 C 盘储存的是系统文件，所以通常不建议对 C 盘中的文件进行更改或删除。

D 盘主要用来存放用户的个人文件、媒体文件、程序安装包等。它是硬盘被划分的不同分区之一，与其他分区（如 C 盘）相互独立。用户可以根据需要在 D 盘中进行文件的创建、保存和删除等操作，以便更好地管理和组织自己的电脑数据。请注意，具体使用方式可能因个人电脑设置而有所不同。

2. “Administrator”文件夹

“Administrator”的中文是管理员，Administrator”文件夹也就是“管理员”文件夹，该文件夹是 Windows 11 中的一个系统文件夹，主要用于保存文档、图片，也可以保存其他文件。如果用户使用 Microsoft 账户登录，则系统会将用户的名称作为该文件夹的名称，如图 4-4 所示就是以用户名命名的文件夹。

图 4-4

4.2 文件和文件夹的基本操作

文件和文件夹的基础操作包括新建文件或文件夹、选定文件或文件夹、复制和剪切文件或文件夹、重命名文件或文件夹，以及删除文件或文件夹等。

4.2.1 新建文件或文件夹

首先我们要学习如何新建文件或文件夹，这是文件管理最基本的操作。

1.新建文件

用户可以通过【新建】按钮创建文件，具体操作步骤如下：

1 打开一个文件夹窗口，单击快速访问工具栏中的【新建】按钮，在弹出的下拉菜单中选择【文本文档】命令，如图4-5所示。

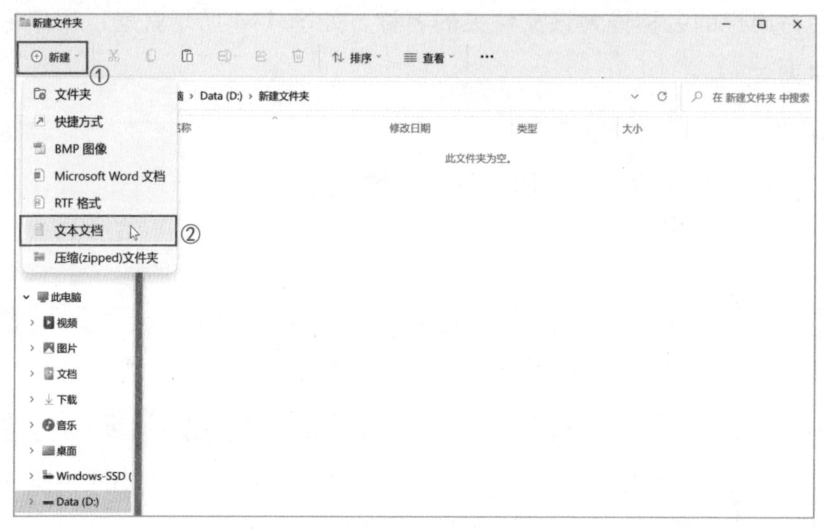

图 4-5

2 此时在该文件夹中即可建立一个【文本文档】，且文件名处于编辑状态，可根据需要输入名称，如“新手学电脑”，如图4-6所示。

图 4-6

2.新建文件夹

新建文件夹的操作方法和新建文件的方法类似，具体操作步骤如下：

1 打开一个文件夹窗口，单击快速访问工具栏中的【新建】按钮，在弹出的下拉菜单中单击【文件夹】选项，如图4-7所示。

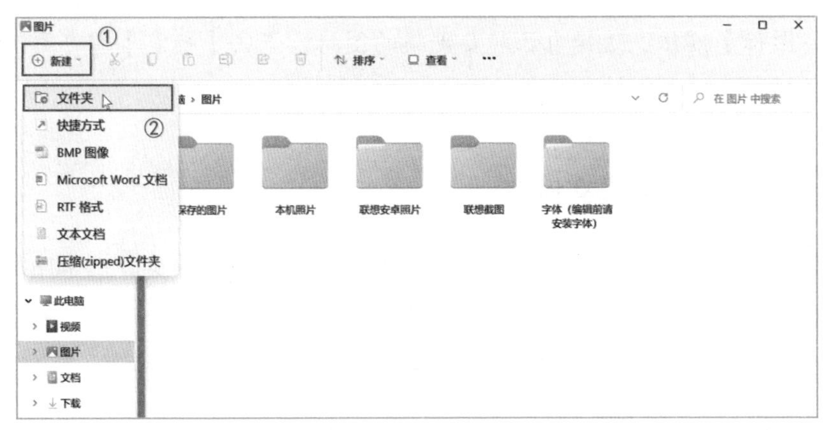

图 4-7

2 此时在该窗口中即可建立一个新文件夹，且文件名处于编辑状态，可根据需要输入名称，如“新手学电脑”，如图4-8所示。

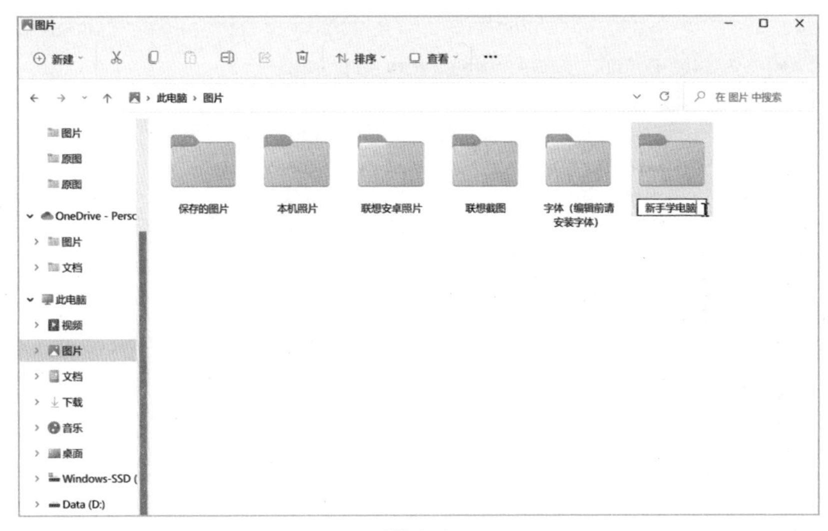

图 4-8

实用贴士

文件夹的图标是可以更改的，如果用户想要更改文件夹的图标，只需要右击文件夹，在弹出的快捷菜单中选择【属性】命令，弹出【属性】对话框，选择【自定义】选项卡，然后单击【更改图标】按钮，选择自己想要更换的图标，点击【确定】即可更改。

4.2.2 选定文件或文件夹

要对文件或文件夹进行操作，首先要选定文件或文件夹。选定单个文件或文件夹非常简单，只需单击该文件或文件夹即可。但在工作中，有时需要选择多个文件或文件夹，这时可根据不同的情况选择不同的方法。

1.选定连续的文件或文件夹

选定连续的文件或文件夹时可以借助【Shift】键，具体操作步骤如下：

1. 单击选定连续文件或文件夹的第一个文件或文件夹，如图4-9所示。

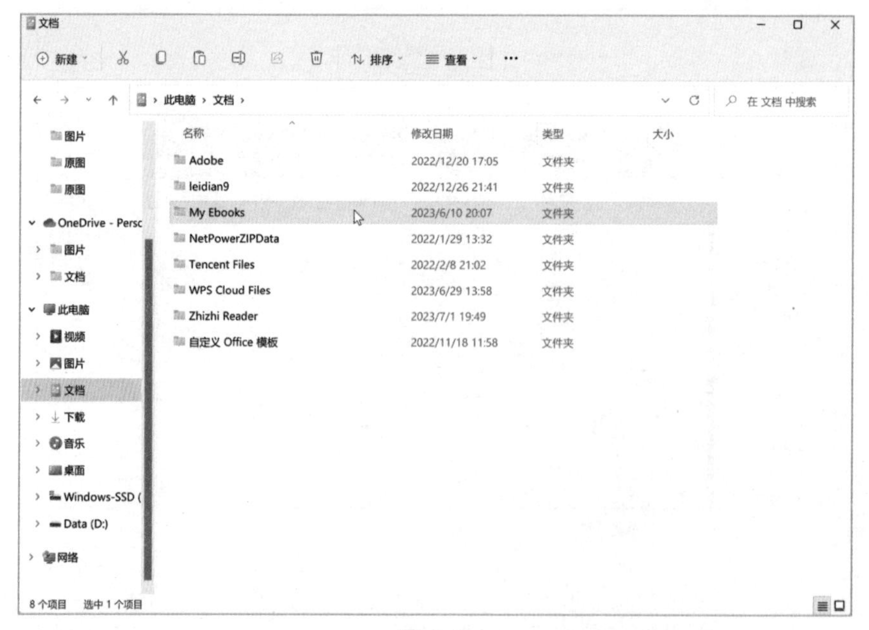

图 4-9

2 按住【Shift】键不放，再单击所要选择的最后一个文件或文件夹，最后放开【Shift】键即可，如图4-10所示。

图 4-10

还可以用拖动鼠标左键的方法来操作：

将鼠标指针放在连续文件或文件夹的第一个文件或文件夹外侧空白处，按住鼠标左键不放，拖动至所要选择的最后一个文件或文件夹处，释放鼠标即可，如图 4-11 所示。

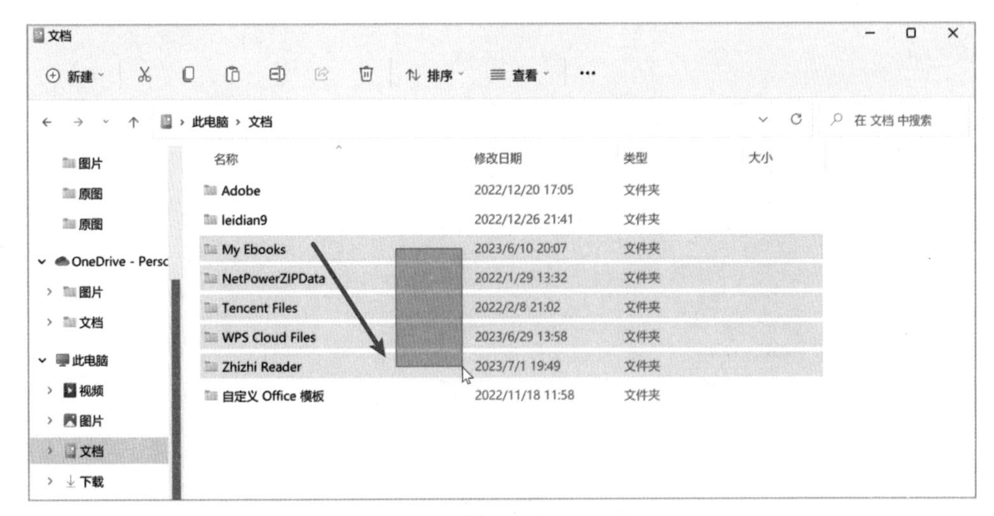

图 4-11

2.选定不连续的文件或文件夹

选定不连续的文件或文件夹的具体操作步骤如下：

1 按住【Ctrl键】不放，依次单击需要选择的文件或文件夹，最后放开

【Ctrl】键即可，如图4-12所示。

图 4-12

2 如果不小心选定了不需要的文件或文件夹，可在按住【Ctrl】键的同时单击已选中的该文件或文件夹，即可取消对它的选定，如图4-13所示。

图 4-13

3.选定全部文件或文件夹

如果需要选定全部文件或文件夹，在文件夹窗口中按下【Ctrl+A】组合键，即可选中其中所有的文件或文件夹，如图 4-14 所示。

图 4-14

4.2.3 复制和剪切文件或文件夹

复制和剪切文件或文件夹的操作方法类似，唯一的区别在于：复制文件或文件夹后，原文件或文件夹依然存在；而剪切之后，原路径中的原文件或文件夹将不复存在。复制文件或文件夹的方法有以下几种。

可以通过快捷菜单，具体操作步骤如下：

1 右击需要复制的文件或文件夹，如【Adobe】文件夹，在弹出的快捷菜单中选择【复制】按钮，如图4-15所示。

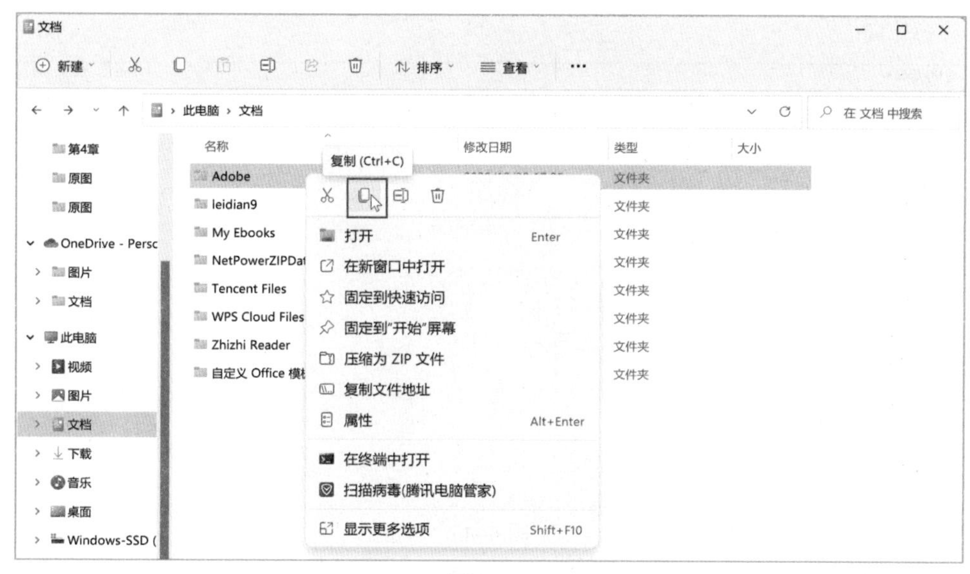

图 4-15

2 打开目标文件夹，如【My Ebooks】文件夹，右击空白处，在弹出的快捷菜单中选择【粘贴】按钮，如图4–16所示。

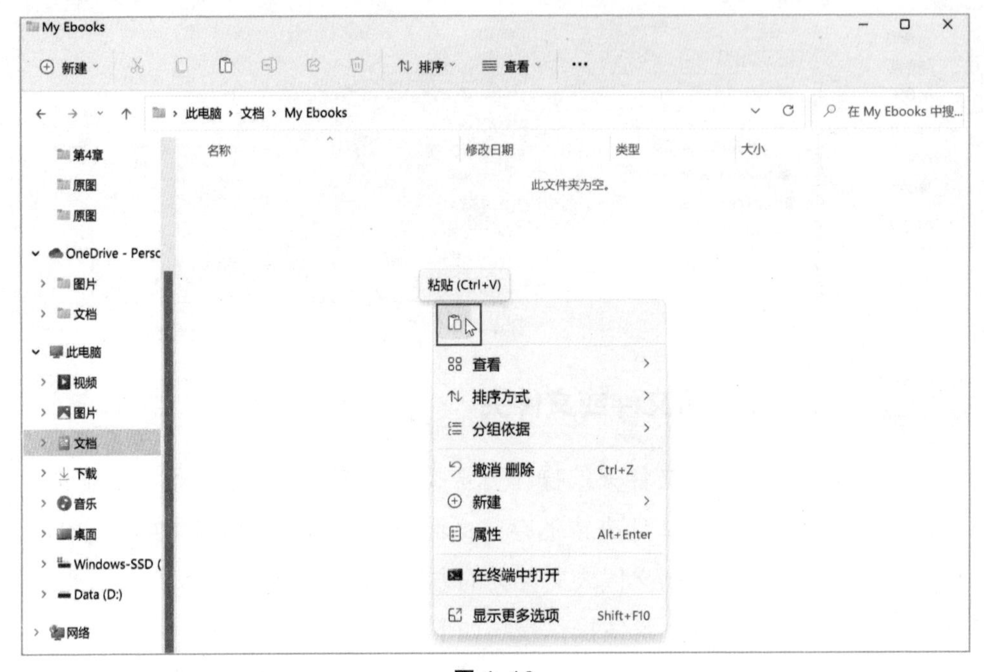

图 4–16

3 【Adobe】文件夹即可被复制到【My Ebooks】文件夹中，如图4–17所示。

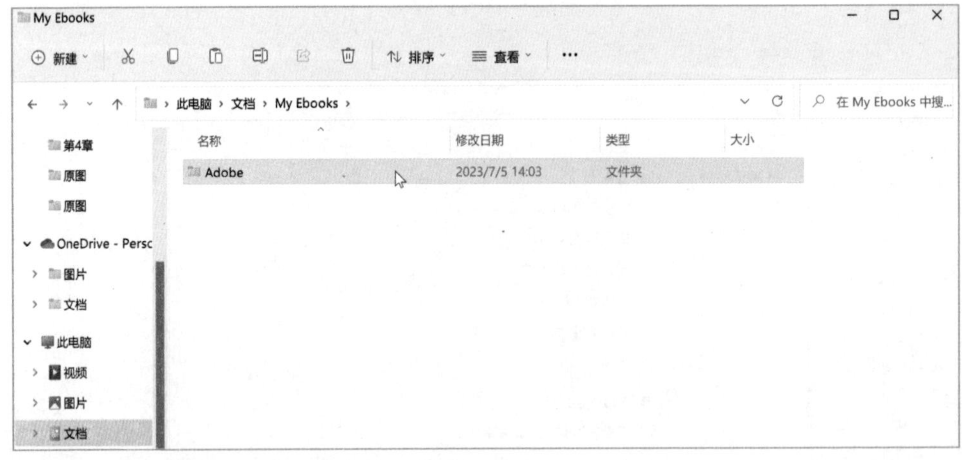

图 4–17

用快捷菜单剪切文件或文件夹的方法与复制的方法类似，这里不再赘述。

也可以通过快捷键对文件或文件夹进行复制和剪切操作：

在选定需要复制的文件或文件夹后，按【Ctrl+C】组合键进行复制，打开目标文件夹后，按【Ctrl+V】组合键进行粘贴。如果需要剪切则按【Ctrl+X】组合键，再在目标文件夹中按【Ctrl+V】组合键粘贴。

4.2.4 重命名文件或文件夹

新建一个文件或文件夹时，系统会以默认的名称来命名这些新建的文件或文件夹，如新建的文件夹，系统自动以【新建文件夹】来命名。为了便于管理，可根据文件或文件夹的内容进行重命名，以便区别或判断文件或文件夹的内容。重命名文件或文件夹的方法有以下几种。

利用快捷菜单重命名的方法如下：

1. 右击需要重命名的文件夹，以【自定义Office模板】文件夹为例，在弹出的快捷菜单中单击【重命名】按钮，如图4-18所示。

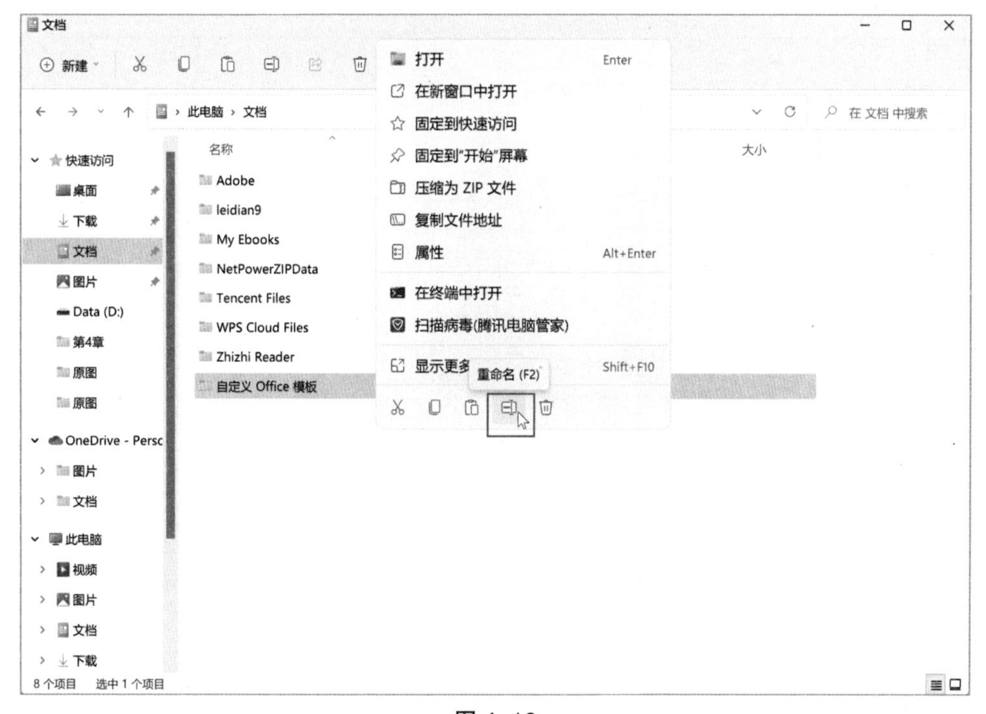

图 4-18

2. 此时文件夹名变为可编辑状态（呈蓝色显示），如图4-19所示。

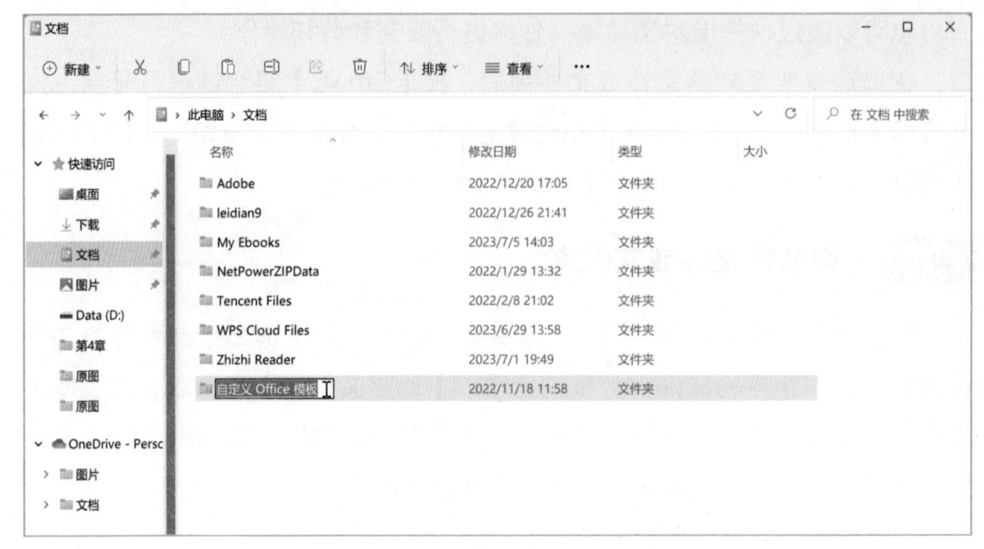

图 4-19

3 在文件夹名文本框中输入新名称，如“模板”，如图4-20所示，单击窗口空白处或按【Enter】键即可完成重命名。

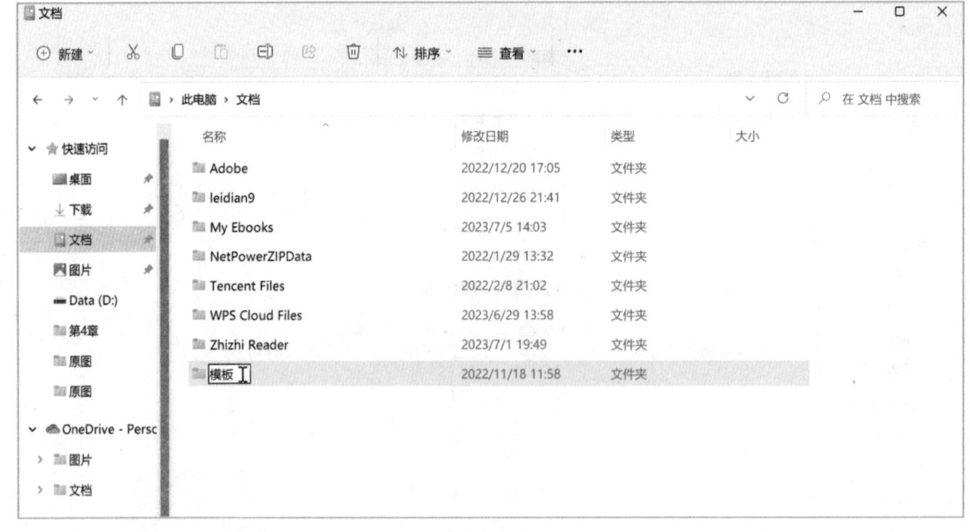

图 4-20

通过单击鼠标重命名的方法如下：

选中需要重命名的文件夹，然后单击文件夹名称，此时文件名变为可编辑状态，输入新名称，然后单击窗口空白处或按【Enter】键即可完成重命名，如图 4-21 所示。

图 4-21

4.2.5 删除文件或文件夹

为了节约磁盘空间，用户应及时删除不需要的文件或文件夹，删除文件或文件夹的方法有以下几种。

利用快捷菜单操作的方法如下：

右击要删除的文件或文件夹，以“My Ebooks”文件夹为例，在弹出的快捷菜单中单击【删除】命令，即可删除该文件夹。如图 4-22 所示。

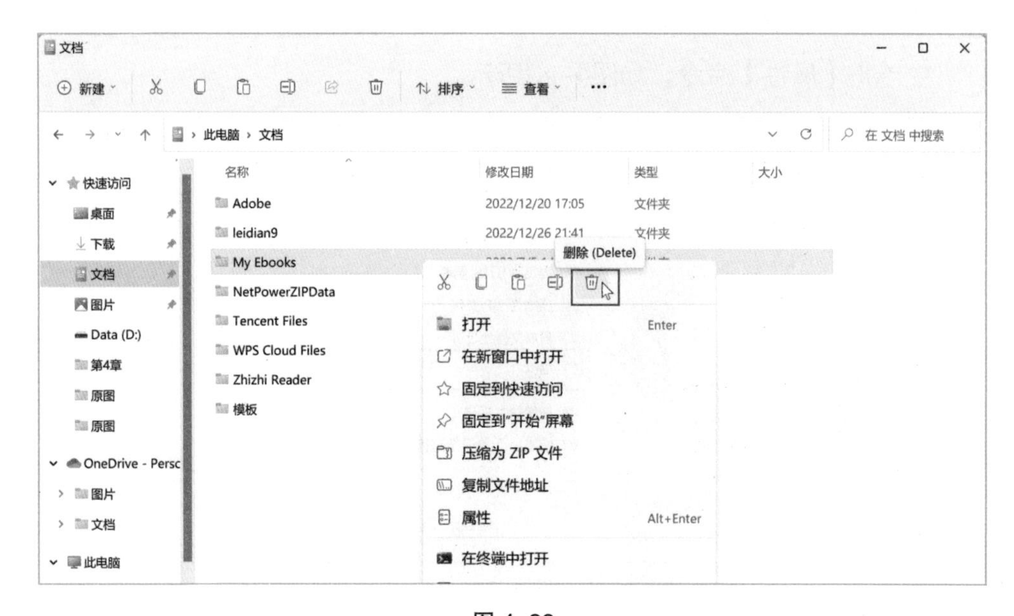

图 4-22

通过快捷键操作的方法如下：

选中需要删除的文件或文件夹，按【Delete】键，即可删除该文件夹。

4.3 文件和文件夹的高级操作

除了文件和文件夹的基本操作外，用户还可以对其进行其他操作，如隐藏和显示文件或文件夹、改变文件或文件夹的打开方式、压缩和解压文件或文件夹、加密文件或文件夹等。

4.3.1 隐藏和显示文件或文件夹

1.隐藏文件或文件夹

在工作和生活中，有些涉及个人隐私或商业秘密的文件或文件夹我们不想让别人看到，可以选择将其隐藏起来，不在文件夹窗口中显示，具体操作步骤如下：

1 右击想要隐藏的文件或文件夹，如“模板”文件夹，在弹出的快捷菜单中单击【属性】命令，如图4-23所示。

图 4-23

2 在弹出的【文档属性】对话框中，勾选【隐藏】复选框，单击【确定】按钮即可隐藏该文件或文件夹，如图4-24所示。

图 4-24

3 此时选择的文件夹被成功隐藏，如图4-25所示。

图 4-25

2.显示被隐藏的隐藏文件或文件夹

对于隐藏的文件或文件夹，可以将其显示出来，具体操作步骤如下：

1 打开被隐藏的“模板”文件夹所在的窗口，在工具栏上单击【查看】下拉按钮，选择【显示】→【隐藏的项目】，如图4-26所示。

图 4-26

2 可以看到被隐藏的“模板”文件夹以浅色图标显示出来，如图4-27所示。

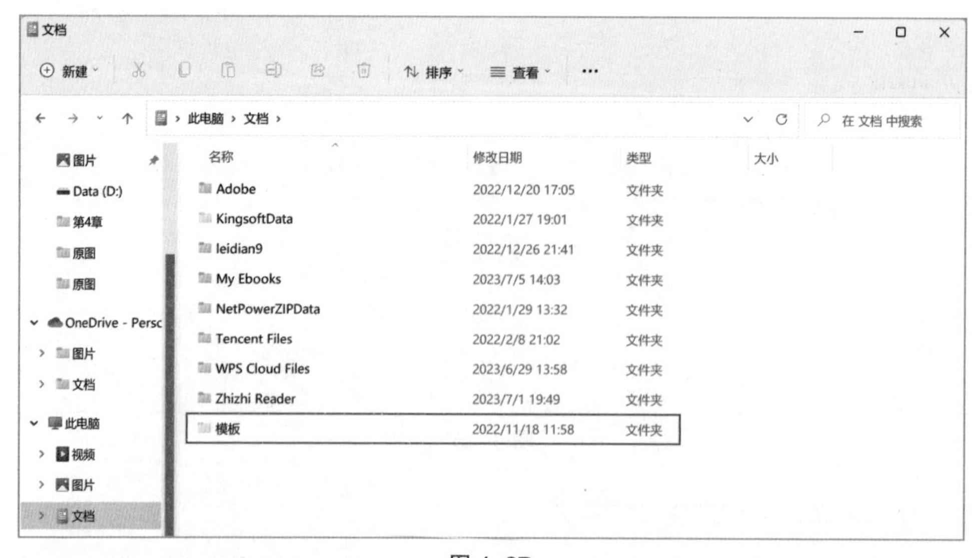

图 4-27

4.3.2 改变文件或文件夹的打开方式

通常系统会自动关联文件类型及其打开程序。不过，有些类型的文件可以由多种程序来打开。例如，图片文件通常由系统自带的 Windows 照片查看器打开，也可以用第三方软件来打开。改变文件或文件夹打开方式的具体操作步骤如下：

1 右击一张图片，在弹出的快捷菜单中单击【打开方式】命令，在展开的子菜单中单击【选择其他应用】命令，如图4–28所示。

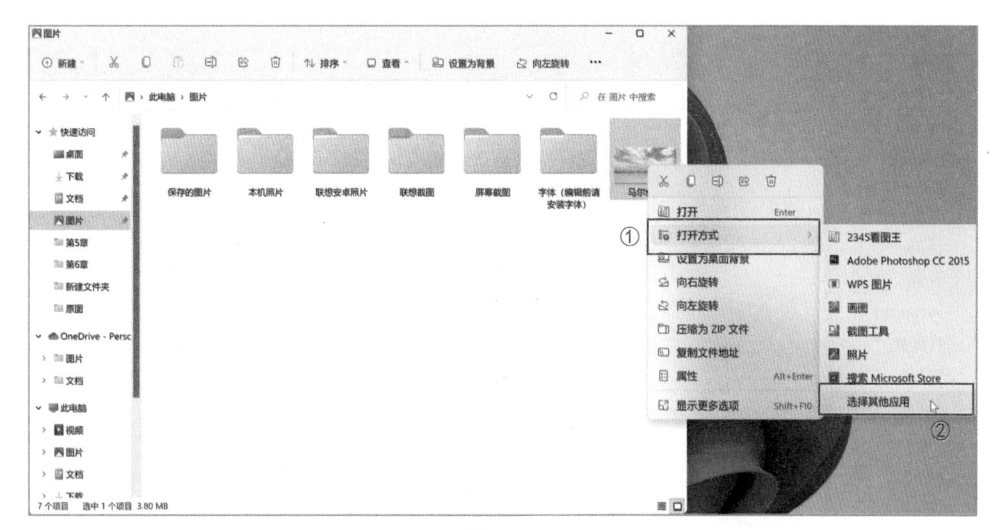

图 4–28

2 弹出【你要如何打开这个文件？】对话框，在【Windows11特别推荐】列表中选择【照片】选项，然后勾选【始终使用此应用打开.jpg文件】复选框，将其设置为默认打开方式，单击【确定】按钮即可，如图4–29所示。

图 4–29

4.3.3 压缩和解压文件或文件夹

内存较大的文件或文件夹上传到其他软件或平台时，直接上传速度往往很慢，此时可以先对文件或文件夹进行压缩，减小其体积后再上传，速度就快多了。创建压缩文件或文件夹的具体操作步骤如下：

1.压缩文件或文件夹

1 右击需要压缩的文件或文件夹，如“本机照片”文件夹，在弹出的快捷菜单中选择【压缩为ZIP文件】命令，如图4-30所示。

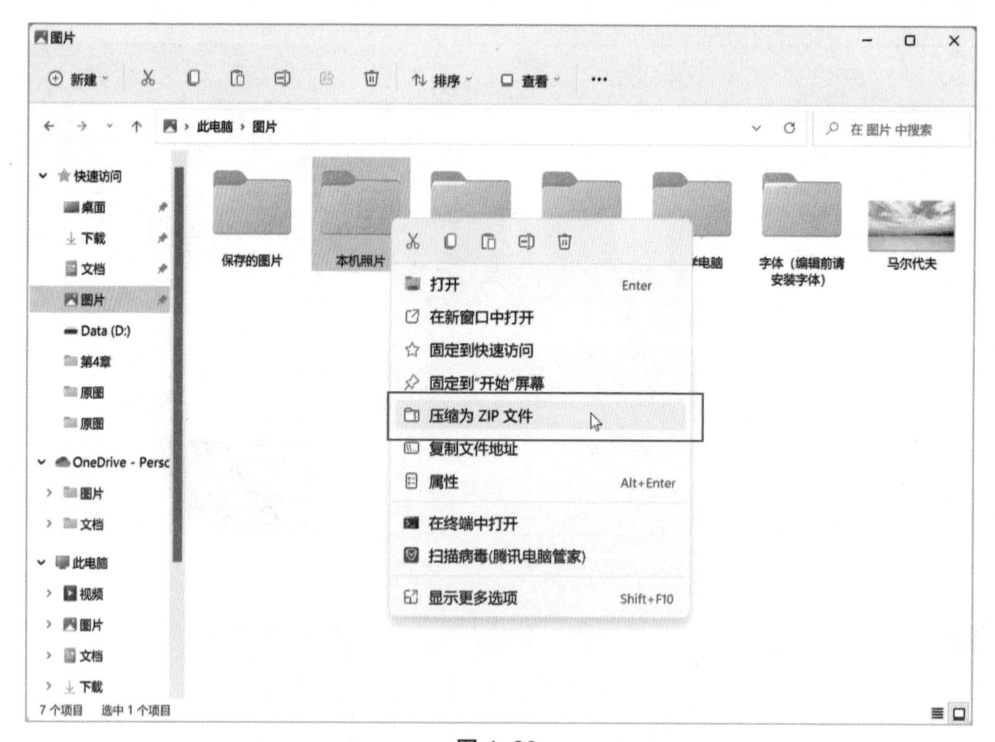

图 4-30

2 此时即可将所选的文件压缩成一个以“zip”为扩展名的文件，如图4-31所示。

3 操作完成后，双击压缩包，即可打开该压缩包，并显示其中包含的文件，如图4-32所示。

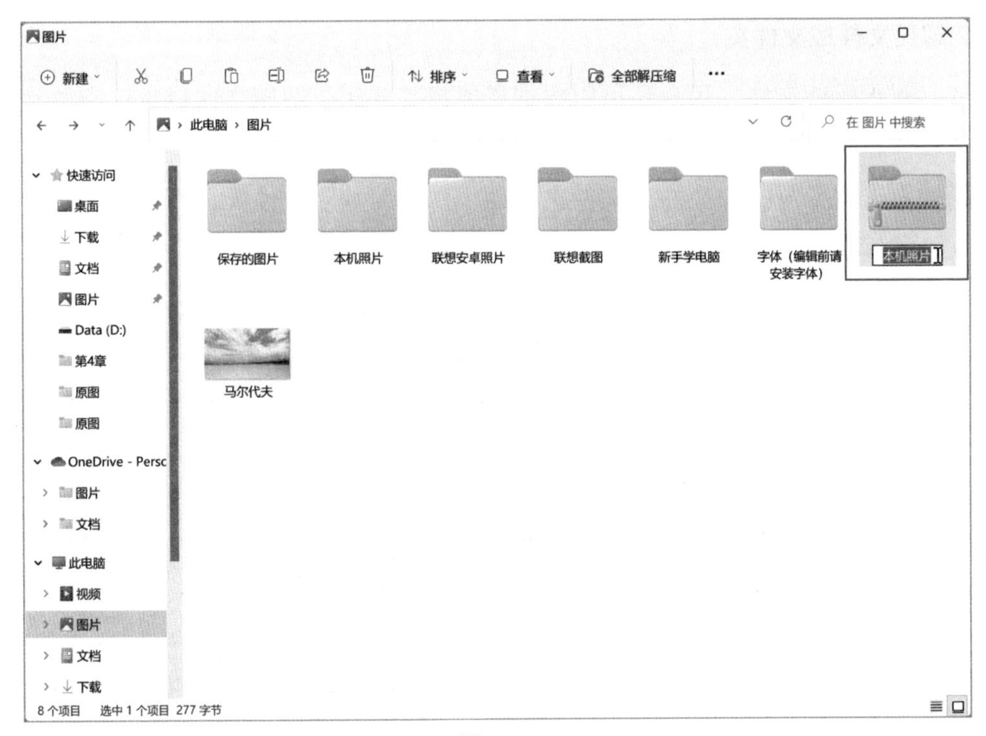
图片
新建
排序
查看
全部解压缩
此电脑 › 图片
在 图片 中搜索
快速访问
桌面
下载
文档
图片
Data (D:)
第4章
原图
原图
OneDrive - Persc
图片
文档
此电脑
视频
图片
文档
下载
保存的图片
本机照片
联想安卓照片
联想截图
新手学电脑
字体（编辑前请安装字体）
本机照片
马尔代夫
8 个项目 选中 1 个项目 277 字节

图 4–31

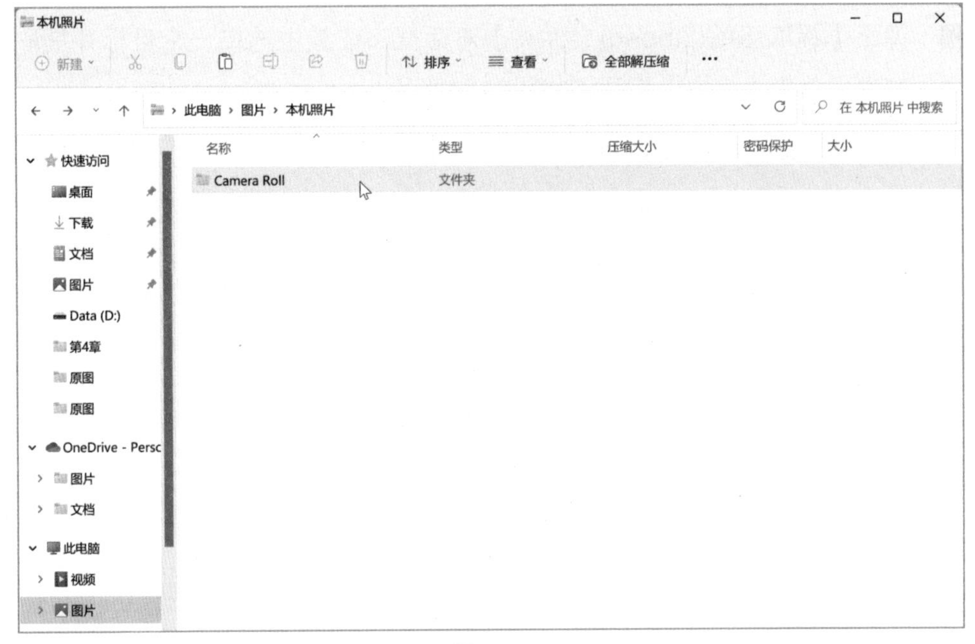
本机照片
新建
排序
查看
全部解压缩
此电脑 › 图片 › 本机照片
在 本机照片 中搜索
快速访问
桌面
下载
文档
图片
Data (D:)
第4章
原图
原图
OneDrive - Persc
图片
文档
此电脑
视频
图片
名称
类型
压缩大小
密码保护
大小
Camera Roll
文件夹

图 4–32

2.解压文件或文件夹

对于压缩文件，用户还可以根据需要将其解压。解压文件或文件夹的具体操作步骤如下：

1 右击需要解压的文件或文件夹，如“本机照片”文件夹，在弹出的快捷菜单中单击【全部解压缩...】命令，如图4-33所示。

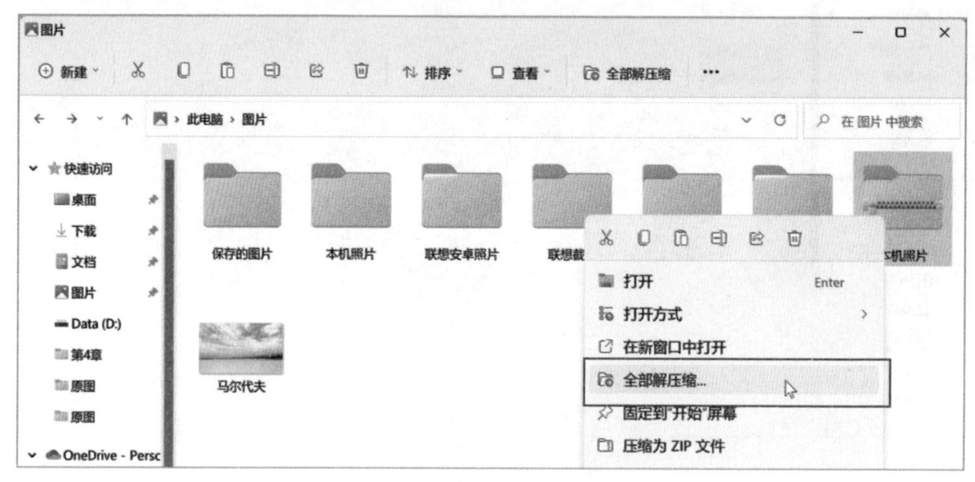

图 4-33

2 弹出【提取压缩(Zipped)文件夹】对话框，在其中选择一个目标并提取文件，单击【提取】按钮，如图4-34所示。

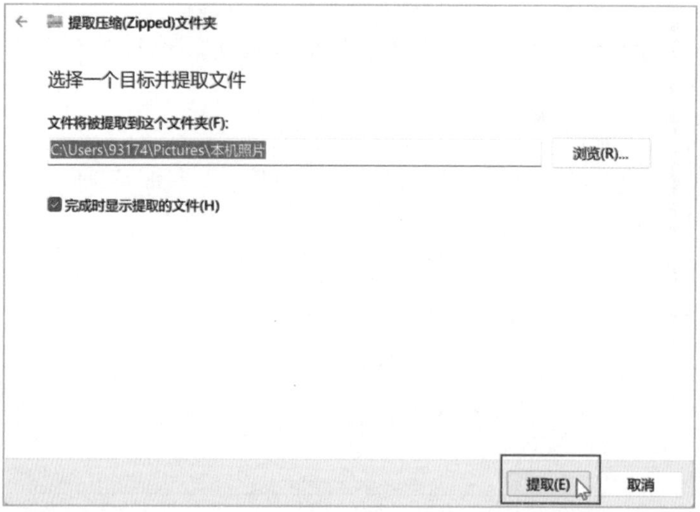

提取压缩(Zipped)文件夹

选择一个目标并提取文件

文件将被提取到这个文件夹(F):

C:\Users\93174\Pictures\本机照片　浏览(R)...

完成时显示提取的文件(H)

提取(E)　取消

图 4-34

3 操作完成后，在指定的路径中即可看到解压后的文件或文件夹，如图4-35所示。

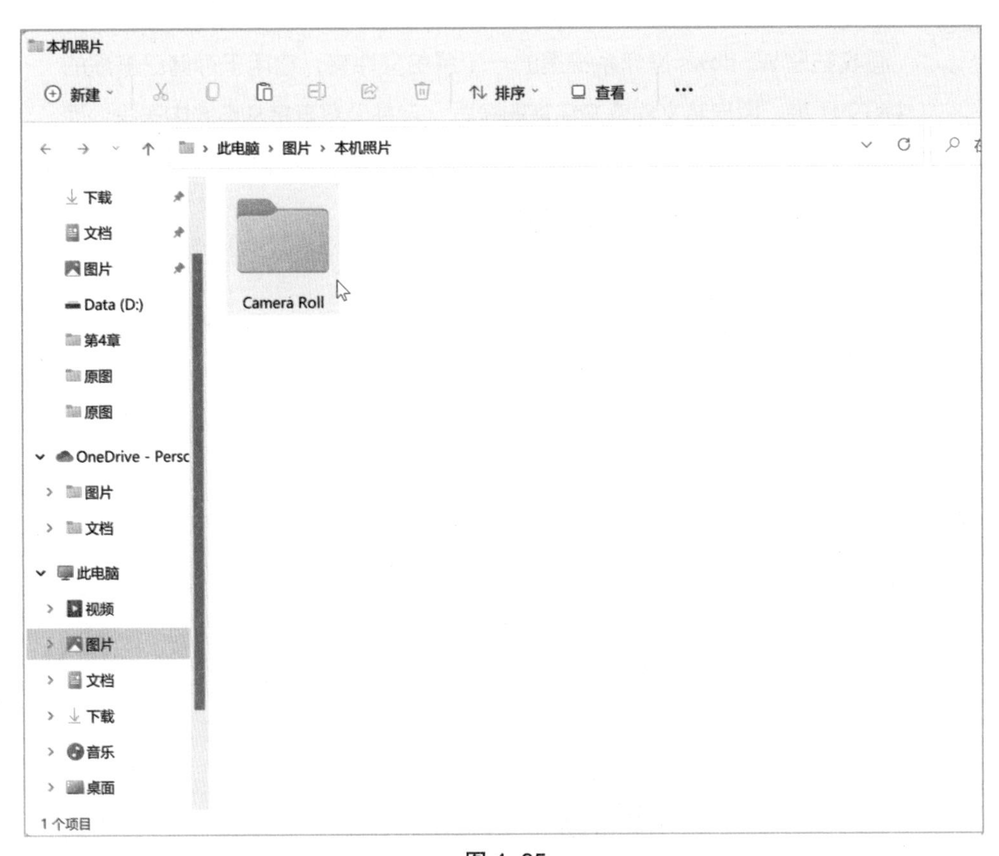

图 4-35

实用贴士

Windows11 操作系统默认情况不显示文件拓展名，用户要想显示文件的拓展名，操作十分简单。打开电脑中任意窗口，单击【查看】按钮，在弹出的下拉菜单中选择【显示】选项，在弹出的子菜单中选择【文件扩展名】选项，这时打开一个文件夹，即可看到文件的拓展名。

4.4 管理回收站

回收站是 Windows 操作系统里的一个系统文件夹，它用于存储已删除的文件和文件夹。用户将文件或文件夹删除后，它并没有直接从电脑中删除，而是保存在了回收站中。用好和管理好回收站有利于减少数据丢失，方便用户维护日常的文档工作。下面介绍管理回收站的方法。

4.4.1 还原文件或文件夹

如果用户误删了一些有用的文件或文件夹，可通过回收站将其还原到原来的位置，具体操作步骤如下：

1 双击桌面上的【回收站】图标，可以打开【回收站】窗口，如图4-36所示。

图 4-36

2 选择要还原的文件或文件夹并右击，在弹出的快捷菜单中单击【还原】命令，可以将回收站中的选择的对象还原到原位置，如图4-37所示。

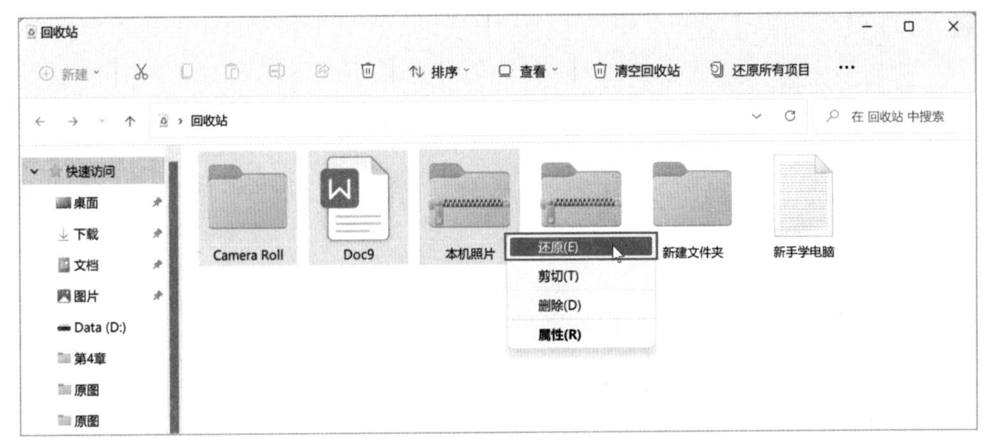

图 4-37

4.4.2 清空回收站

回收站的大小并不是无限的，当磁盘空间不足时，删除的文件就有可能被系统永久删除。为了避免这一情况的发生，需要定期清空回收站，具体操作步骤如下：

打开【回收站】窗口，单击【清空回收站】按钮，弹出【删除多个项目】提示框，单击【是】按钮即可清空回收站，如图 4-38 所示。

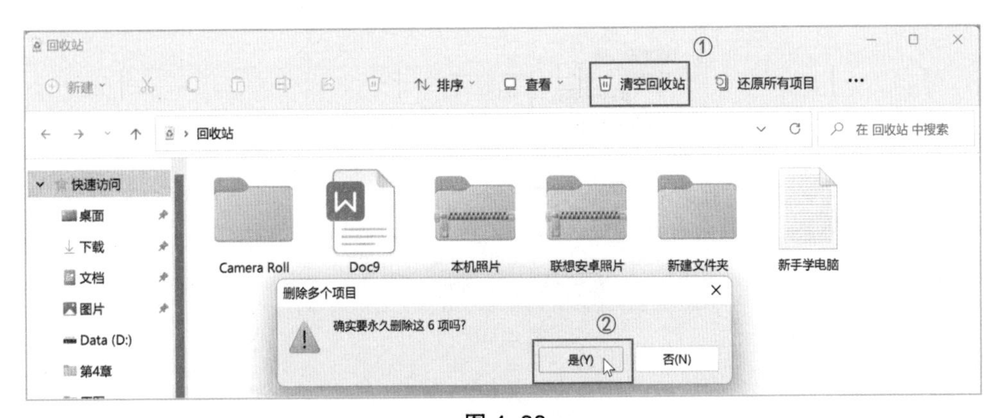

图 4-38

4.4.3 设置回收站的大小

默认情况下，系统为每个磁盘规定了回收站的存储空间大小。用户可以根据需要对其进行设置，具体操作步骤如下：

1 打开【回收站】窗口，单击【 ··· 】按钮，在其下拉菜单中选择【属性】选项，如图4-39所示。

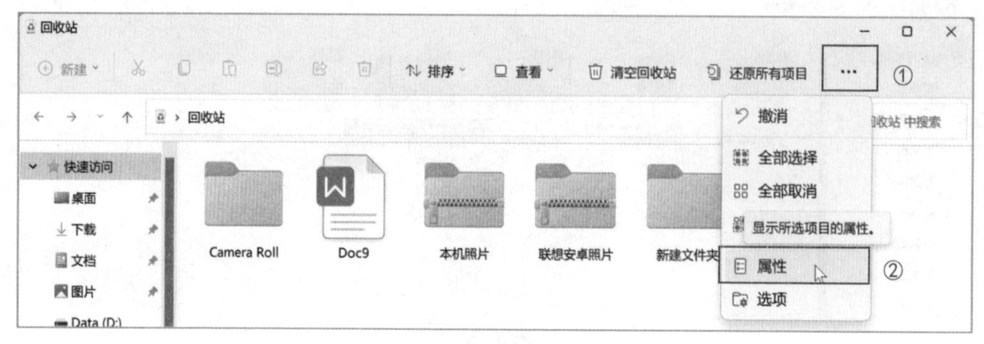

图 4-39

2 弹出【回收站属性】对话框，在【选定位置的设置】栏中单击【自定义大小】单选按钮，在【最大值】右侧的文本框中输入需要的回收站存储空间的大小，单击【确定】按钮即可，如图4-40所示。

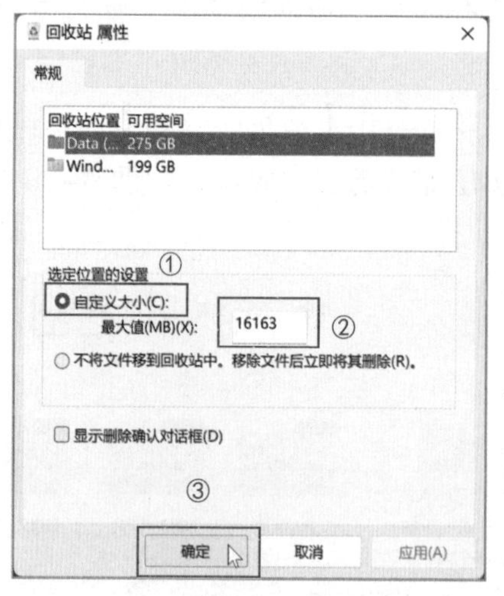

图 4-40

实用贴士

在桌面上右击【回收站】图标，在弹出的快捷菜单中选择【清空回收站】命令，在弹出的提示框中单击【是】按钮，也可以清空回收站。

Chapter

05

第5章

网络连接与浏览

互联网上有大量的文本、音乐、视频和软件等资源，通过电脑上网，可以在互联网上进行资料查询，也可以开展各种各样的网络娱乐活动。本章主要介绍互联网相关的基本操作，以及使用Microsoft Edge浏览器的方法和网上资源搜索的方法。

学习要点：★学会设置网络连接

★掌握使用Microsoft Edge浏览器的方法

★掌握搜索网络资源的方法

5.1 如何连接网络

随着网络技术的不断发展，网络已经变成了人们在日常生活和工作中不可或缺的一部分，如今常见的上网方式包括组建无线办公局域网、电脑和手机网络共享。下面介绍网络连接的相关知识。

5.1.1 组建无线办公局域网

随着笔记本电脑、手机、平板电脑等便携式电子设备的不断发展与普及，有线连接已经无法满足人们的工作与生活需求，而无线局域网不需要布置网线就可以将几台设备连接在一起，具有传输速度快、使用方便和灵活等优点，在网络中有着广阔的应用前景。

1.使用电脑配置无线网

使用电脑配置无线网需要两个步骤，接下来将进行详细介绍。

（1）准备工作

无线路由器是一种网络设备，通过无线信号连接多个设备，创建无线局域网，并提供互联网接入和网络资源共享的功能。它允许多台无线设备（如笔记本电脑、智能手机、平板电脑等）通过无线信号进行连接，以便彼此之间共享互联网连接、传输数据和访问网络资源，如图 5–1 所示。

图 5–1

无线路由器的背面由若干端口构成，通常包括1个WAN口、4个LAN口、1个电源接口和一个Reset（复位）键，如图5-2所示。

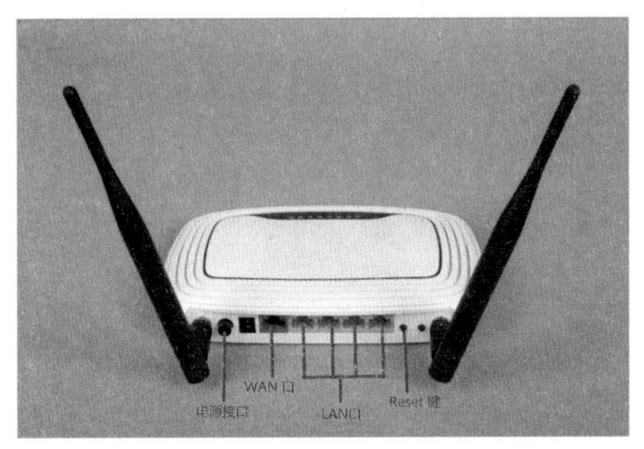

图5-2

◆电源接口：是用于连接无线路由器到电源插座的接口。通过电源接口，无线路由器可以获得电力供应，以正常运行和提供网络连接。

◆ Reset键：是一个小的按钮或孔，通常位于无线路由器的背面。当按下Reset键时，它可以将路由器的设置恢复为出厂设置。Reset键可在需要重新配置路由器或解决某些网络问题时使用。

◆ WAN口：主要用于连接外部网络，如ADSL、DDN、以太网、光纤等各种外部网络接入线路。

◆ LAN口：为用来连接局域网的端口，使用网线将端口与电脑网络端口互联，实现电脑上网。

（2）连接设备

在配置无线网时，首先应将准备的路由器、光纤猫及设备连接起来。

1 首先接入的是一个叫作光纤猫的东西，确认光纤猫连接正常，将光纤猫接入电源，并将网线插入光纤猫的入网口，确保显示灯正常。

2 准备一根1米长的网线，将网线插入光纤猫的LAN口（连接局域网的接口），并将另一端插入路由器的WAN口（连接网络或宽带的接口），将路由器接入电源。如果家中安装了一个弱电箱，并且已经预先埋好网线，那么就需要把弱电箱预留的网线与光纤猫相连，再用一条较短的网线连接预留网口（比如电视背景墙后面的网口）与路由器的WAN口，如图5-3所示。

接下来是配置网络，路由器端的设置由网络运营商的工程师负责调域，这里就不再赘述。

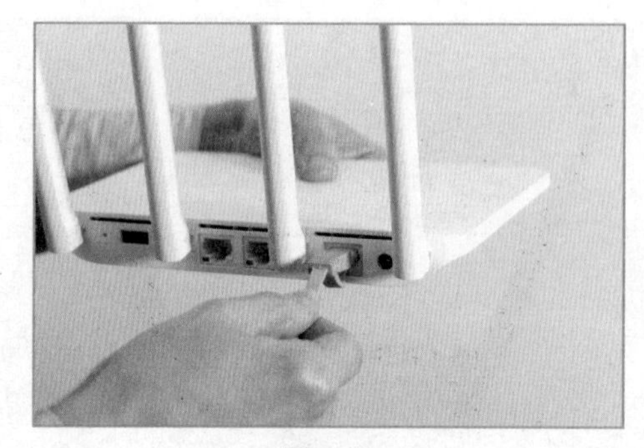

图 5-3

2.电脑接入Wi-Fi

网络配置完成后，即可接入Wi-Fi网络。笔记本电脑具有无线网络功能，即可实现电脑无线上网。但是大部分台式电脑没有无线网络功能，要想接入无线网，需要安装无线网卡。本节以笔记本电脑为例，介绍如何将电脑接入无线网，具体操作步骤如下：

1 单击任务栏【🌐】按钮，在弹出的面板中单击【📶】按钮，即可开启【WLAN】功能，如图5-4所示。

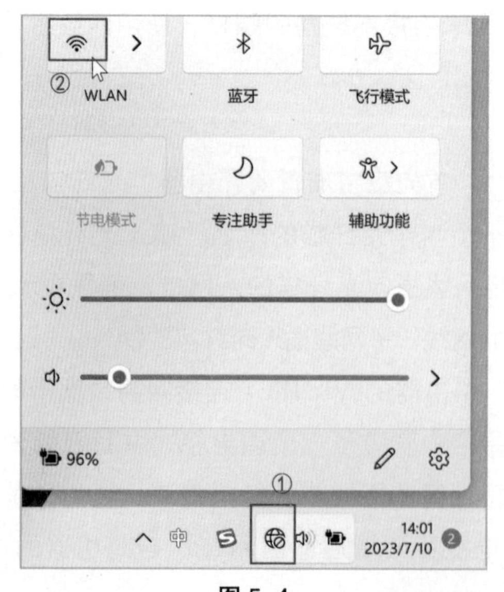

图 5-4

2 【WLAN】功能开启后，单击【>】按钮，即可打开无线网列表，如图5-5所示。

3 选择要连接的无线网名称，并单击【连接】按钮，如图5-6所示。

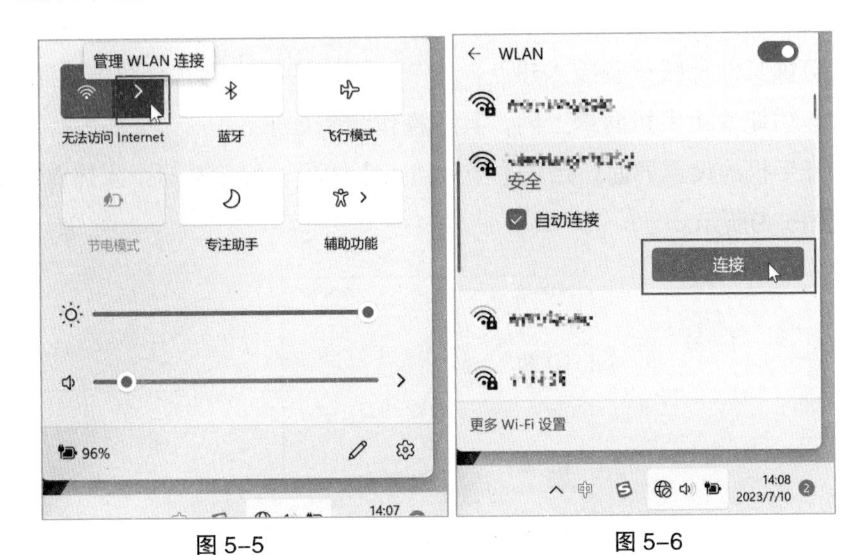

图 5-5　　图 5-6

4 在弹出的【输入网络安全密钥】文本框中输入设置的无线网密码，单击【下一步】按钮，如图5-7所示。

5 待界面显示【已连接，安全】，则表示已连接成功，此时即可上网，如图5-8所示。

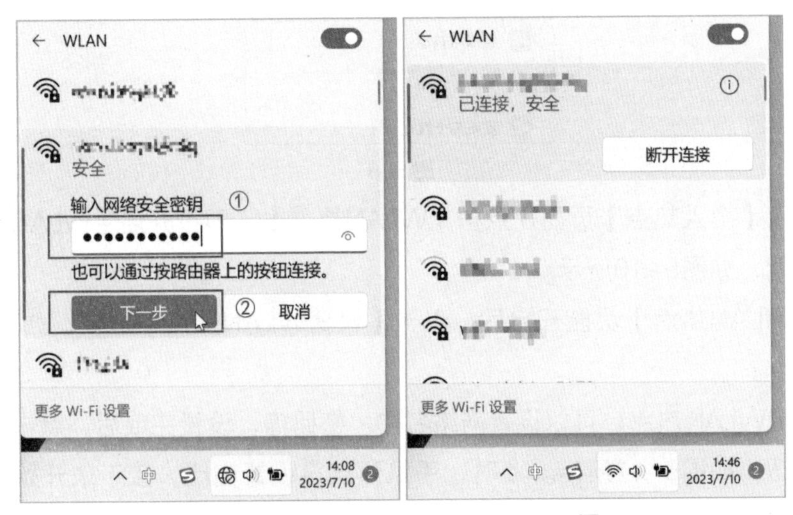

图 5-7　　图 5-8

5.1.2 电脑和手机网络共享

随着网络以及手机上网的普及，电脑和手机的网络可以实现共享，这给用户使用网络带来了便利。Windows 11 操作系统支持电脑提供 Wi-Fi 热点功能，可供其他无线设备接入热点。本节以安卓手机为例，介绍电脑通过“个人热点”功能使用手机网络上网，具体操作步骤如下：

1 打开手机的设置界面，点击【个人热点】选项，即可开启个人热点功能，如图5-9所示。

图 5-9

2 进入【个人热点】页面，点击【WLAN热点】，即可开启【WLAN热点】功能，如图5-10所示。

3 【WLAN热点】功能开启后，点击【设置WLAN热点】选项，如图5-11所示。

4 设置WLAN热点，可以设置网络名称、密码等，设置完成后，点击【√】按钮，如图5-12所示。此时，手机热点已设置完成，接下来开始用电脑连接手机热点。

图 5-10　　图 5-11　　图 5-12

5 单击任务栏【🌐】按钮，在弹出的面板中单击【>】按钮，如图5-13所示。

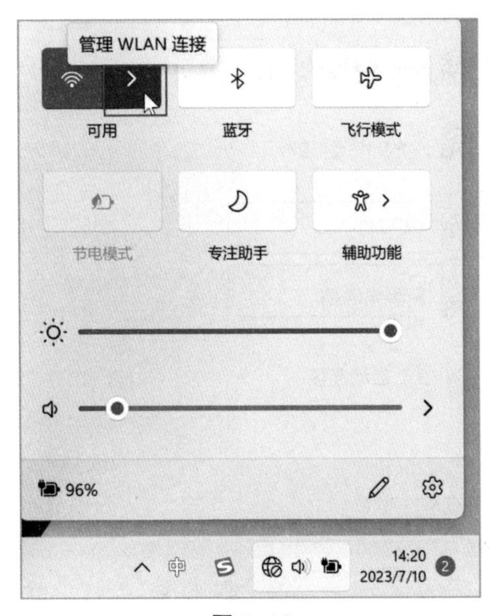

图 5-13

6 在弹出的网络列表中，会显示电脑自动搜索的无线网络，此时可以看到手机的无线网络名称“新手学电脑”，选择该网络并单击【连接】按钮，如图5-14所示。

图 5-14

7 输入网络密码，并单击【下一步】按钮，如图5-15所示。

图 5-15

8 连接成功后，界面显示“已连接，安全”，如图5-16所示。

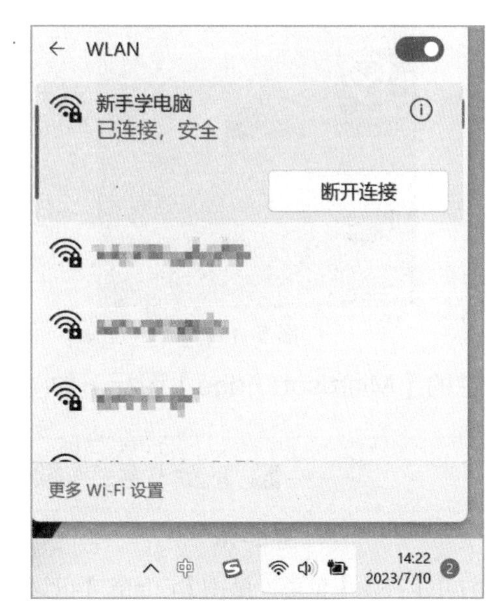

图 5-16

实用贴士

如果忘记了自己设置的 WLAN 密码，可在手机端使用以下方法查看 WLAN 密码。打开【设置】→【WLAN】选项，单击【点击分享密码】就会弹出一个二维码，保存此页面截图，用微信扫一扫相册里的二维码截图，即可查看自己的 WLAN 密码。

5.2 使用Microsoft Edge浏览器

Windows 11 操作系统自带 Microsoft Edge 浏览器，通过它可以浏览网页，进行网上冲浪。

5.2.1 启动浏览器

启动 Microsoft Edge 浏览器有以下几种方法。

双击桌面上的【Microsoft Edge】快捷方式图标，如图 5-17 所示。

图 5–17

单击快速启动栏中的【Microsoft Edge】图标，如图 5–18 所示。

图 5–18

单击【■】按钮，打开【开始】菜单，单击【已固定】区域的【Microsoft Edge】图标，如图 5–19 所示。

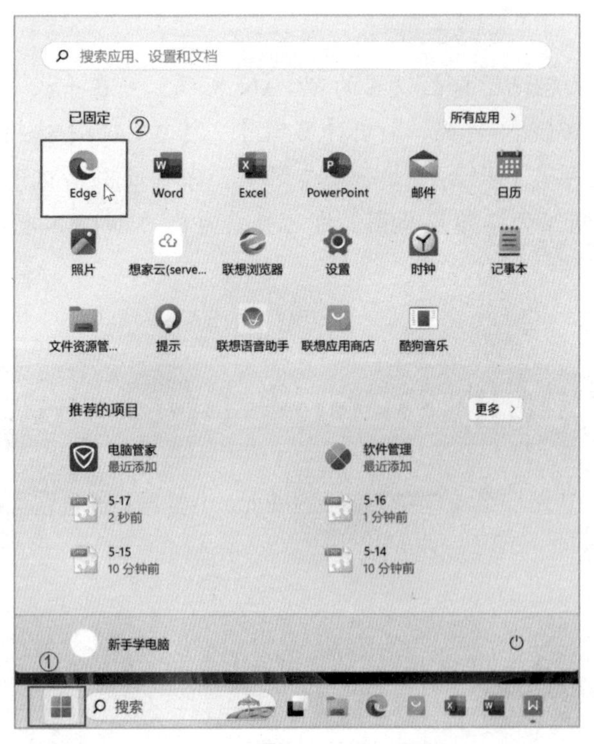

图 5–19

5.2.2 打开网页

1 在地址栏中输入网址“http://www.neea.edu.cn”，会弹出相关的链接，单击想要访问的链接，即可访问目标网站，如图5-20所示。

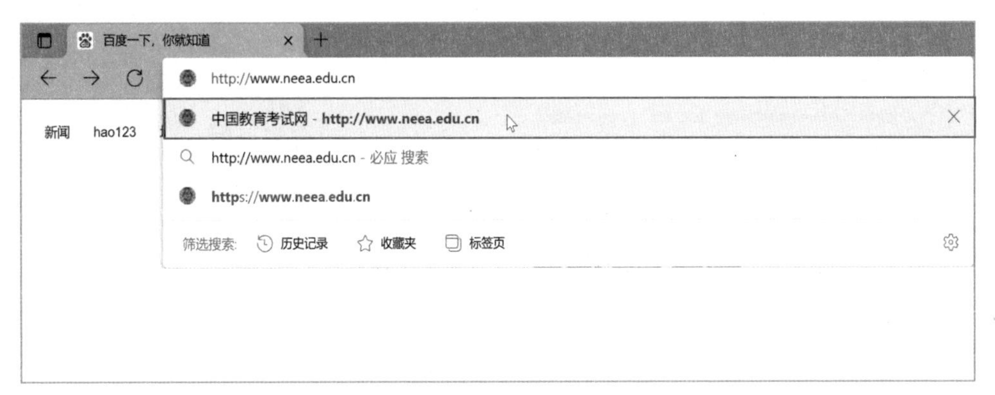

图 5-20

2 在【中国教育考试网】网页中单击感兴趣的链接，如单击【考试报名】栏下的【中小学教师资格考试(NTCE)】链接，如图5-21所示。

图 5-21

3 在打开的网页中即可浏览到相应的内容，如图5-22所示。

图 5-22

5.2.3 收藏常用的网站

用户可以将自己常用的网站或网页收藏起来，以便以后访问。以将“中国教育考试网”网页收藏为例，具体操作步骤如下：

1 打开“中国教育考试网”网页，单击工具栏【☆】按钮，如图5-23所示。

图 5-23

2 在弹出的【编辑收藏夹】菜单中，如果不需要新建文件夹，系统会默认名称和文件夹位置，直接单击【完成】按钮即可完成收藏，如图5-24所示。如果需要新建文件夹的话，那么就需要在【编辑收藏夹】菜单中新建一个文件夹，然后再将收藏的网站添加到新建的文件夹中即可。

图 5-24

如果要删除收藏夹中的网站，其具体操作步骤如下：

打开收藏夹，就会弹出的【编辑收藏夹】菜单，单击【删除】按钮即可完成删除，如图 5-25 所示。

图 5-25

5.2.4 查看历史记录

用户查看 Microsoft Edge 浏览器历史记录的具体操作步骤如下：

1 打开Microsoft Edge浏览器，单击工具栏中的【···】按钮，在弹出的菜单中单击【历史记录】选项，如图5-26所示。

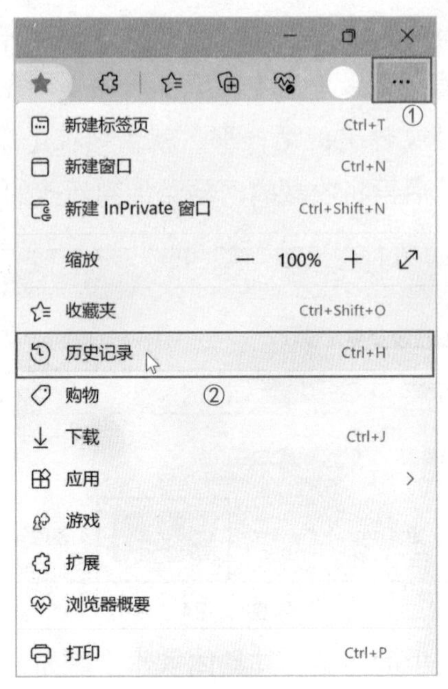

图 5-26

2 打开【历史记录】窗格，在其中可以查看浏览历史，单击任意一条记录即可打开网页，如图5-27所示。

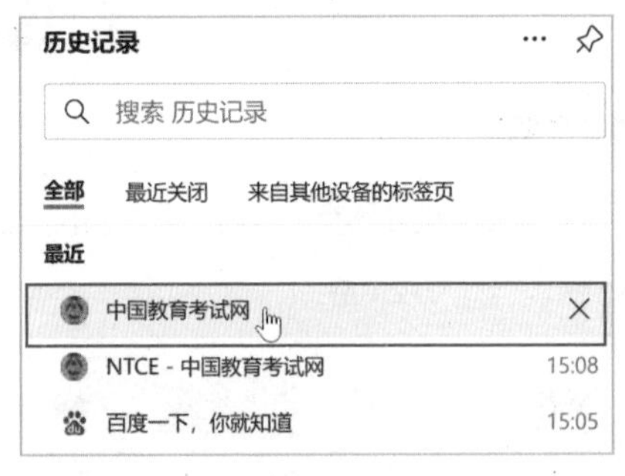

图 5-27

查看 Microsoft Edge 浏览器的历史记录和收藏常用的网站有一种十分简单的方法，按下【Ctrl+H】快捷键即可打开历史记录。按下【Ctrl+D】组合键即可将此页面添加到收藏夹。

5.3 搜索网络资源

互联网涵盖了人们生活各个领域的丰富信息资源。要想从浩瀚的信息海洋中迅速地寻找到所需的信息，就需要掌握网络资源的搜索方法。本节主要介绍如何通过百度搜索引擎查找网络资源。

5.3.1 查询天气预报

天气预报是日常生活中很重要的资讯，通过互联网可以随时查询当前和未来的天气情况，具体操作步骤如下：

1 启动Microsoft Edge浏览器，打开百度网站的主页，在搜索框中输入关键词，如输入“北京天气”，然后单击【百度一下】按钮，如图5-28所示。

图 5-28

2 在打开的网页中即可查看北京的天气情况，如图5-29所示。

图 5-29

5.3.2 故宫门票预约

如果要查询故宫门票预约相关的网页，而又不知道网址，可以使用关键词搜索网页信息，具体操作步骤如下：

1 启动Microsoft Edge浏览器，打开百度网站的主页，在文本框内搜索“故宫门票预约官网”，然后单击【百度一下】按钮，如图5-30所示。

图 5-30

2 在打开的网页中出现了很多与“故宫门票预约官网”相关的网页链接，单击想要查看的网页链接即可，如图5-31所示。

图 5-31

3 打开网页后，用鼠标滑轮下拉，找到想要查找的信息，该网页显示“个人订票”和“旅行社订票”，根据需求选择即可，如图5-32所示。

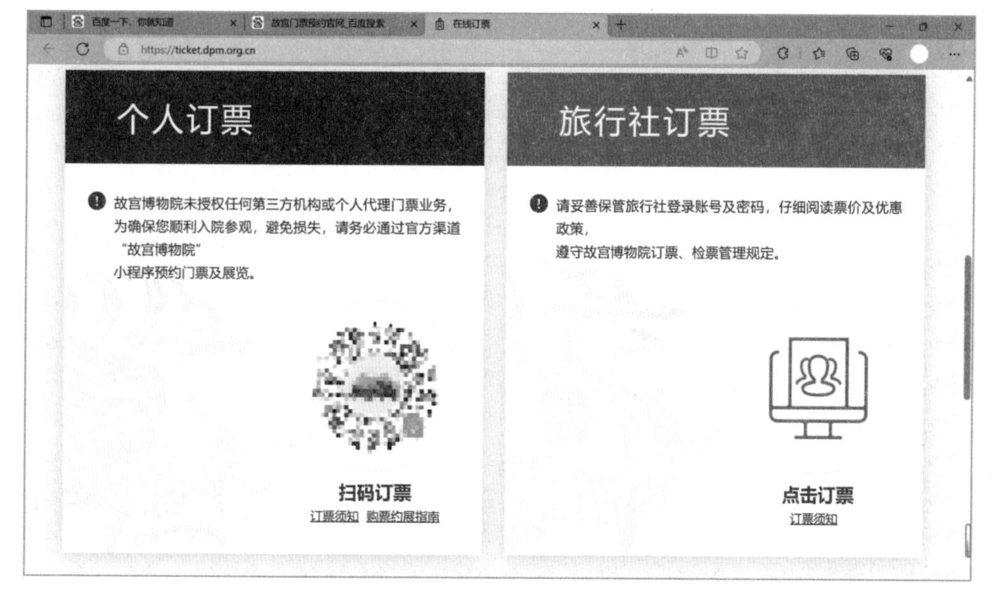

图 5-32

5.3.3 观看新闻联播

现在有了互联网，不仅可以随时随地地观看新闻联播，还可以观看过去的新闻，只要在网络上搜索即可，具体操作步骤如下：

1 启动Microsoft Edge浏览器，打开百度网站的主页，在文本框内搜索"新闻联播"，然后单击【百度一下】按钮，如图5-33所示。

图 5-33

2 在打开的网页中出现了很多与"新闻联播"相关的网页链接，单击想要查看的网页链接即可，如图5-34所示。

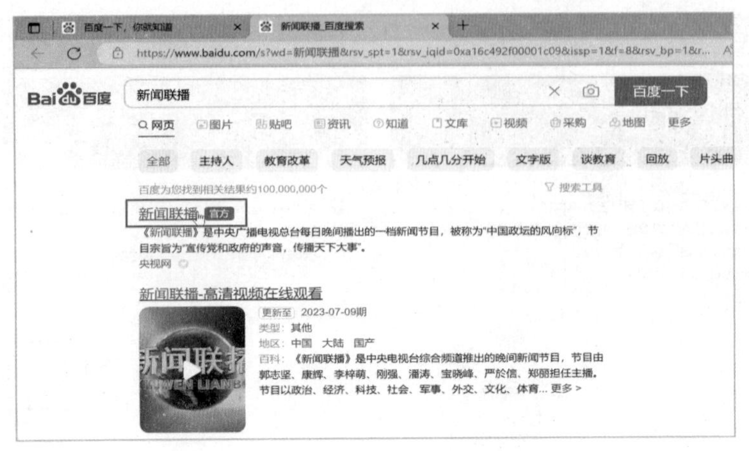

图 5-34

3 打开网页后，页面中将显示新闻联播播放时间，自行查找即可，如图5-35所示。

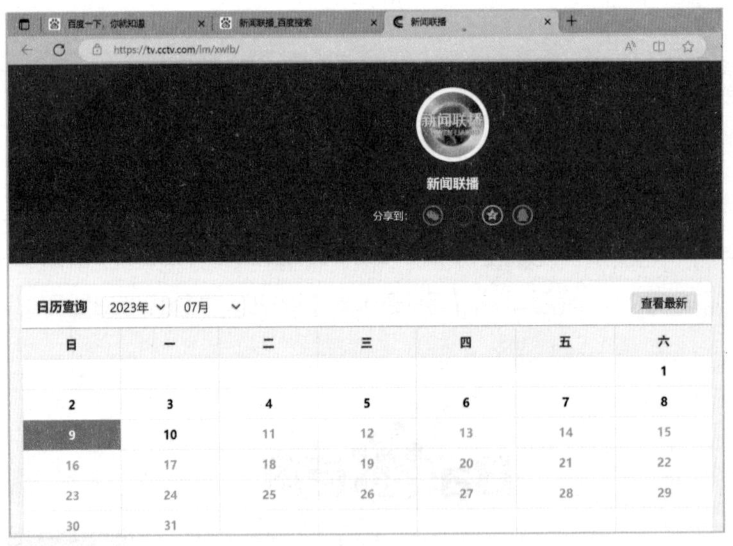

图 5-35

用户在浏览网页时，如果觉得网页文字内容太小，可以缩放网页，满足用户阅读需求。在浏览器页面时，按住【Ctrl】键，然后向下滚动鼠标滑轮，即可缩小页面，向上滚动鼠标滑轮，即可扩大页面，调整到合适大小后，松开鼠标滑轮和【Ctrl】键即可。

Chapter

06

第 6 章

走进丰富多彩的网络世界

网络世界很精彩，人们可以尽情听音乐、看电影、沟通和交流等，在工作闲暇之余，不妨感受一下轻松的网络氛围，体会精彩的网络世界。

学习要点：★掌握网上听音乐的方法

★掌握网上看视频的方法

★掌握网络互动的方法

★掌握网上购物的方法

6.1 播放音乐

在互联网上，听歌是一种很流行的行为，只要电脑里安装了合适的播放器，用户就可以从网络下载歌曲；若是电脑里没有合适的播放器，也可以去专业的网站上听歌。

6.1.1 认识常见的音乐软件

音乐软件是指可以用来制作、播放、编辑或管理音乐的计算机程序。市场上的音乐软件有很多，如酷狗音乐、网易云音乐、QQ 音乐等，下面分别进行介绍。

1.酷狗音乐

酷狗音乐是广东酷狗计算机科技有限公司开发的产品之一，是一款主打音乐搜索和在线播放的应用，用户可以通过它找到并收听自己喜欢的歌曲。酷狗音乐还提供了歌词、MV 等附加功能，用户可以享受到更全面的音乐体验。图 6-1 所示为酷狗音乐界面。

图 6-1

2.网易云音乐

网易云音乐是由网易公司推出的一款以个性化推荐为特色的在线音乐平台。它可以根据用户的听歌历史、喜好等信息，为用户推荐符合其口味的歌曲和歌单。网易云音乐还提供了社交功能，用户可以关注好友、评论、分享等。同时，网易云音乐还支持上传原创作品和参与各种音乐活动。图 6-2 所示为网易云音乐界面。

图 6-2

3.QQ音乐

QQ 音乐是由腾讯公司推出的一款综合性音乐平台，拥有海量的音乐资源和用户。用户可以通过 QQ 音乐听歌、看 MV、购买音乐、分享音乐等。QQ 音乐还与社交网络进行了深度整合，用户可以通过 QQ 音乐结交新朋友，分享自己的音乐心情。图 6-3 所示为 QQ 音乐界面。

图 6-3

6.1.2 使用QQ音乐

前面介绍了三种具有代表性的音乐软件，现在以QQ音乐为例，介绍QQ音乐软件的使用方法。要想使用QQ音乐播放音乐，首先需要下载此软件。按照提示安装好QQ音乐软件后，就可以听自己喜欢的音乐了。

1.播放网络音乐

使用QQ音乐播放网络音乐的具体操作步骤如下：

1 双击桌面的【QQ音乐】快捷方式图标，启动【QQ音乐】软件，如图6-4所示。

图6-4

2 进入【QQ音乐】界面，在搜索框中输入想要播放的音乐，如“少年中国说”，单击【搜索】按钮或按【Enter】键，如图6-5所示。

图 6–5

3 在打开的搜索页面中选择想要收听的音乐，然后单击该音乐后面出现的【播放】按钮，如图6–6所示。

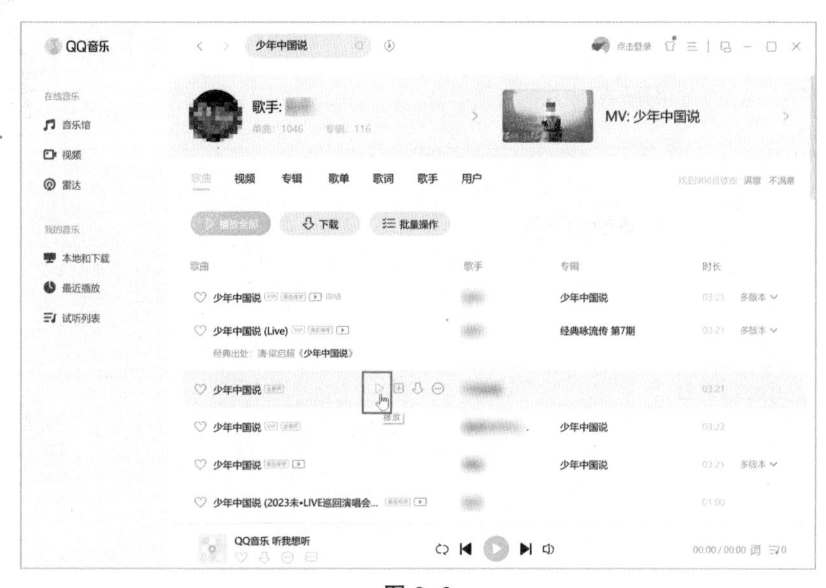

图 6–6

4 这样该音乐就会添加到播放列表，缓冲完成后即可收听。在下方的播放控制栏中，可以执行【播放】、【暂停】、【上一曲】、【下一曲】等操作，还可以查看歌词等信息，如图6–7所示。

图 6–7

2.播放本地音乐

使用 QQ 音乐也可以播放本地音乐，具体操作步骤如下：

1 打开【QQ音乐】软件，在【我的音乐】列表下，单击【本地与下载】选项，如图6–8所示。

图 6–8

2 在右侧展开的界面中，单击【添加】按钮，在弹出的下拉列表中选择一种添加方式，如【手动添加歌曲】，如图6-9所示。

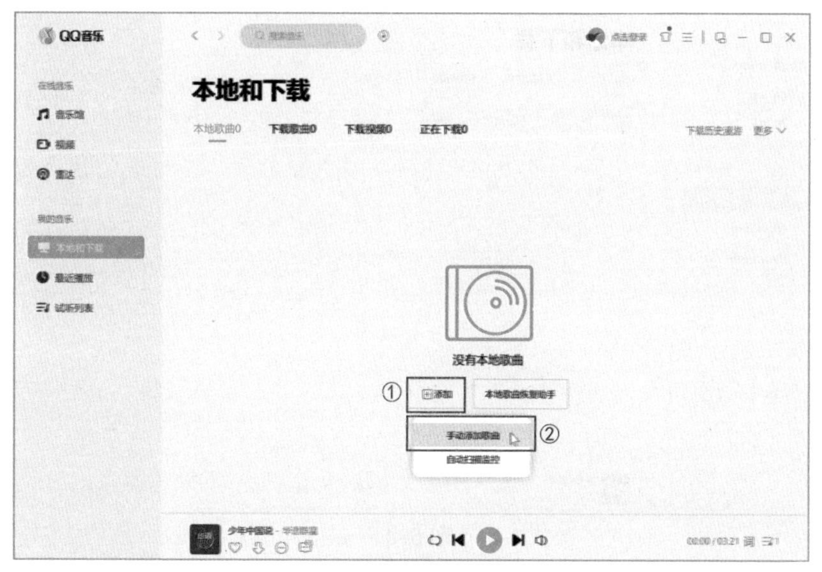

图 6-9

3 弹出【打开】对话框，选择要播放的音乐文件，单击【打开】按钮，如图6-10所示。

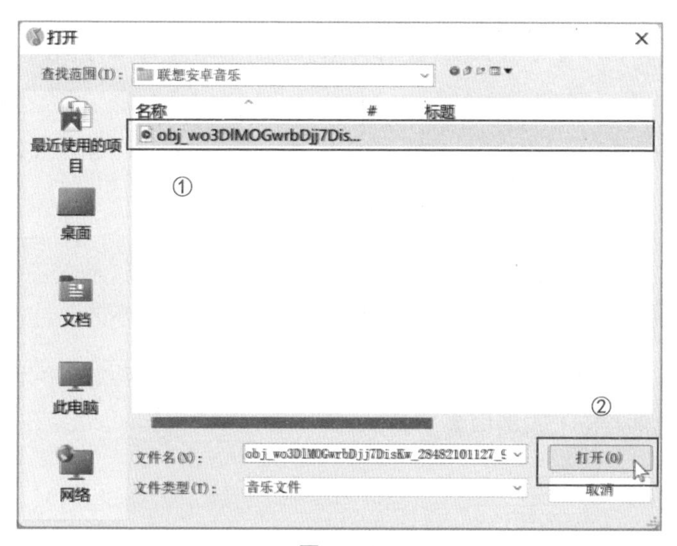

图 6-10

4 可以看到选中的音乐文件添加到了播放列表中，单击【播放】按钮进行播放即可，如图6-11所示。

图 6-11

QQ音乐的歌词颜色默认为蓝色，用户可以切换歌词的显示效果。首先需要激活歌词面板，单击【设置】按钮，在弹出的快捷菜单中选择【字体颜色】，在弹出的子菜单中单击喜欢的颜色既可更改。

6.2 播放视频

以前人们想要观看电影，得去电影院，但是现在随着互联网的普及，人们可以随时随地在网上观看电影。

6.2.1 认识常见的视频软件

视频软件是用于播放、管理和分享视频内容的应用程序或工具。市场

上的视频软件有很多，如腾讯视频、爱奇艺、优酷视频等，下面分别进行介绍。

1.腾讯视频

腾讯视频是由腾讯公司运营的视频平台，是中国领先的在线视频服务商之一。腾讯视频提供了海量的高清视频内容，包括电影、电视剧、综艺、动画等，以及自制内容等独家资源。腾讯视频在内容上与多家电影公司、电视台有合作，为用户提供了丰富多样的观影体验，如图 6–12 所示。

图 6–12

2.爱奇艺

爱奇艺是中国主流的在线视频平台之一。它提供了丰富多样的高品质视频内容，包括电影、电视剧、综艺节目、动画片等。爱奇艺不仅提供了大量的热门国内外影视剧集，还自主制作了不少独播剧集和综艺节目，与时俱进地满足了观众的需求。爱奇艺在用户体验上也下足了工夫，提供了高清画质、流畅的播放速度以及智能推荐系统，以让用户更好地享受视频内容，如图 6–13 所示。

3.优酷视频

优酷是中国最大的视频分享网站之一，也是阿里巴巴集团旗下的重要子公司。优酷提供了海量的正版视频内容，涵盖电影、电视剧、综艺节目、纪录片等各种类型。优酷在自制剧方面非常有实力，推出了大量热门自制剧集，备受观众喜爱。优酷还拥有活跃的用户社区和弹幕评论系统，让用户可以与其他观众即时交流分享观看体验，如图 6-14 所示。

图 6-13

图 6-14

6.2.2 使用腾讯视频软件

系统自带的视频格式有一定的局限，因此，为了可以即时观看各类影视节目，用户可以下载安装一些如腾讯视频、爱奇艺、优酷视频等媒体播放器。

下面以腾讯视频为例进行介绍。

1.播放网络视频文件

使用腾讯视频既可以在线播放电影、电视剧、动漫、综艺节目等，又可以观看直播节目。下面以播放电影为例进行介绍，具体操作步骤如下：

1 双击桌面上的【腾讯视频】快捷方式图标启动腾讯视频客户端，如图6–15所示。

图 6–15

2 打开【腾讯视频】界面，在左侧的分类列表区中单击【纪录片】选项卡，在右侧展开的界面中单击自己喜欢的纪录片类型，如【自然】选项卡。如图6–16所示。

图 6–16

3 在【自然】选项卡展开的列表框中按条件筛选自己想看的纪录片并依次单击，如【BBC】→【自然】→【免费】→“探秘自然界”，如图6–17所示。

图 6-17

4 即可在打开的页面中，观看该纪录片，如图6-18所示。单击【 】按钮可以全屏看电影。

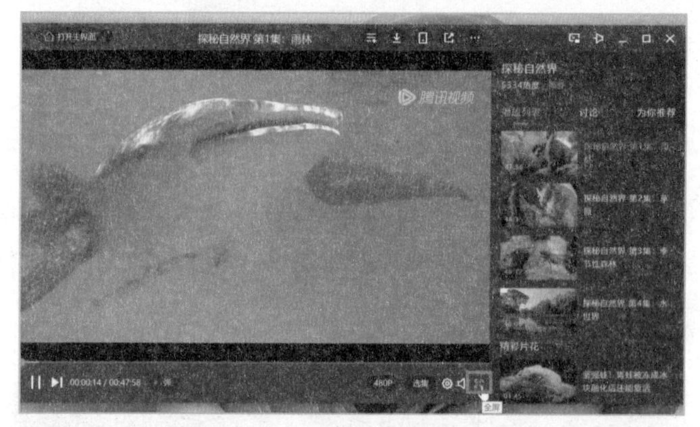

图 6-18

5 全屏效果图如图6-19所示。

图 6-19

2.播放本地视频文件

对电脑中的视频，也可以使用腾讯视频软件进行播放，具体操作步骤如下：

1 启动腾讯视频客户端，单击右上角的【 ≡ 】按钮，如图6-20所示。

图 6-20

2 在弹出的下拉列表中选择【播放本地文件】选项，如图6-21所示。

图 6-21

3 弹出【打开】对话框，选择视频文件的保存位置后，选中要观看的视频文件，单击【打开】按钮，如图6-22所示。

4 即可将所选的视频文件添加到播放列表中，并自动播放该视频文件，如图6-23所示。可以按照之前介绍的方法切换为全屏模式进行播放。

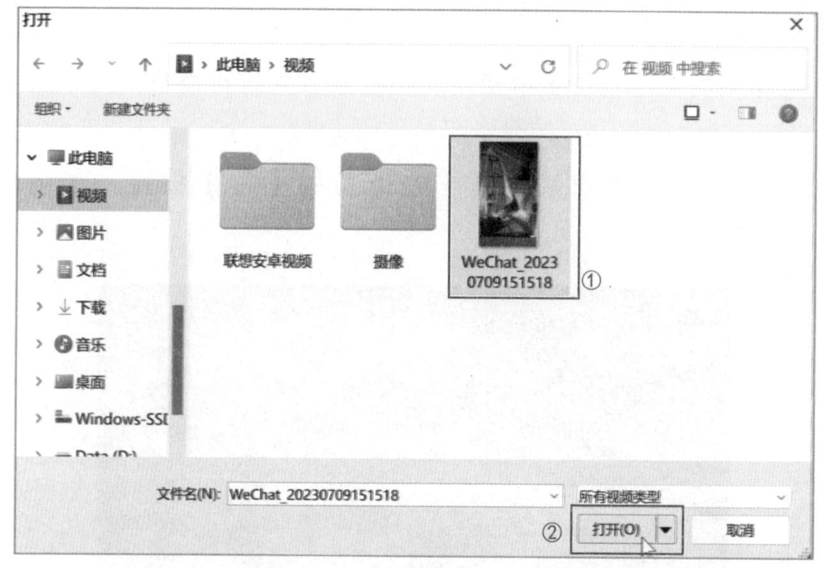

图 6–22

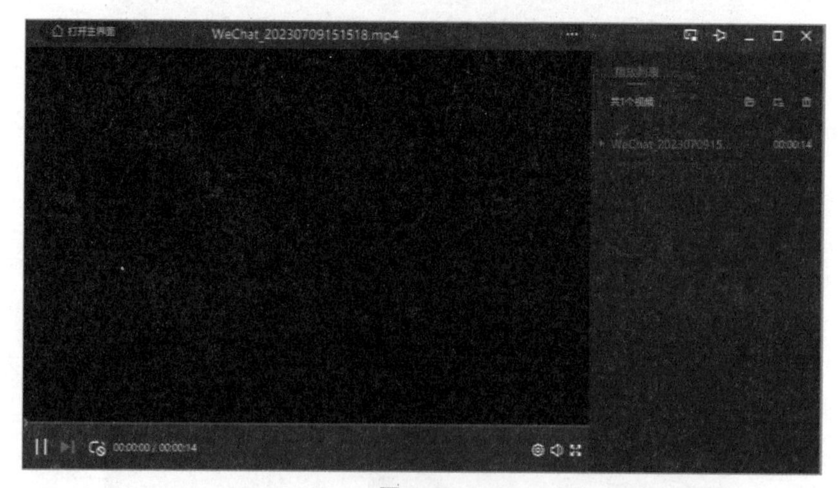

图 6–23

3.下载视频

除了在线观看电影、电视剧外，还可以将相关视频下载到电脑中，以便自己随时观看。下载视频的方法有很多，可以使用前面讲过的迅雷软件下载，也可以使用影视客户端下载。下面以下载腾讯视频客户端的方法为例，具体操作步骤如下：

1 启动腾讯视频客户端，在搜索框内输入要下载的视频名称，如“西游记”，

单击【全网搜】按钮，如图6-24所示。

图 6-24

2 这时会弹出许多有关“西游记”的视频，单击选中自己想要看的视频。如图6-25所示。

图 6-25

3 即可播放该视频，单击【下载】按钮，如图6-26所示。

图 6-26

4 打开【下载】对话框，设置视频清晰度并选择要下载的视频，单击【确定】按钮，如图6-27所示。

图 6-27

5 弹出一个提示框，提示该视频已添加到下载列表，单击【查看列表】按钮，如图6-28所示。

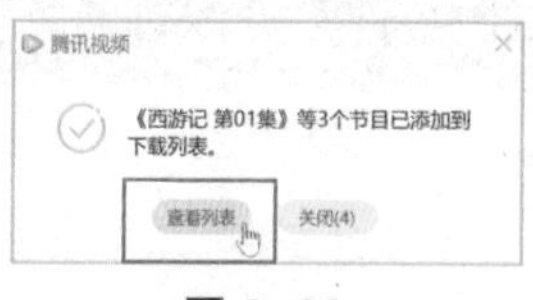

图 6-28

6 在打开的下载页面中可以查看正在下载的视频目录和下载进度等信息，如图6-29所示。

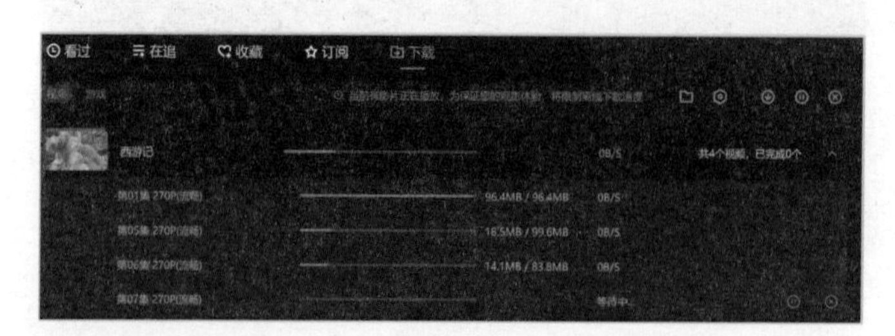

图 6-29

7 视频下载完成后，会弹出一个【下载完成】的浮窗，如图6–30所示。

图 6–30

8 在下载页面直接点击下载完成的视频即可播放，如图6–31所示。

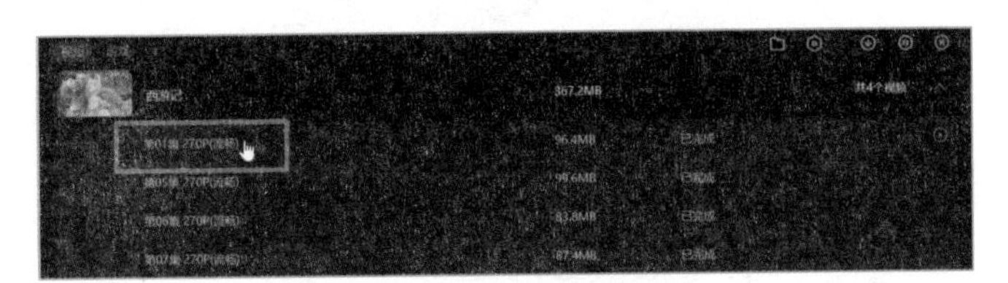

图 6–31

除了单击【 】按钮，双击视频播放窗口也可以使视频全屏播放。

6.3 网络互动

沟通与交流是人类社会的基本需求之一。在互联网时代，通信软件已成为人们广泛使用的网络应用之一，用户可以通过这些软件与朋友和亲人进行交流和沟通。本章将详细介绍常用通信软件的使用方法和技巧。

6.3.1 使用QQ聊天

腾讯 QQ 是一款应用广泛的即时通信软件，支持在线聊天、视频语音以及文件传输等功能。在使用腾讯 QQ 之前，需要先申请 QQ 账号。

1.申请并登录QQ账号

QQ 聊天的第一步就是给自己申请一个 QQ 账号，具体操作步骤如下：

1 双击桌面上的【腾讯QQ】图标，弹出QQ程序登录界面，单击【注册帐号】链接，如图6-32所示。

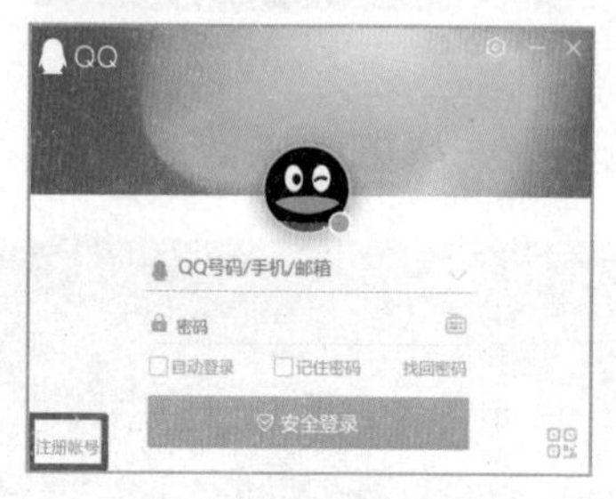

图 6-32

2 打开QQ注册页面，输入昵称、密码、手机号码，并勾选【我已阅读并同意服务协议和QQ隐私保护指引】，然后单击【发送验证码】按钮，如图6-33所示。

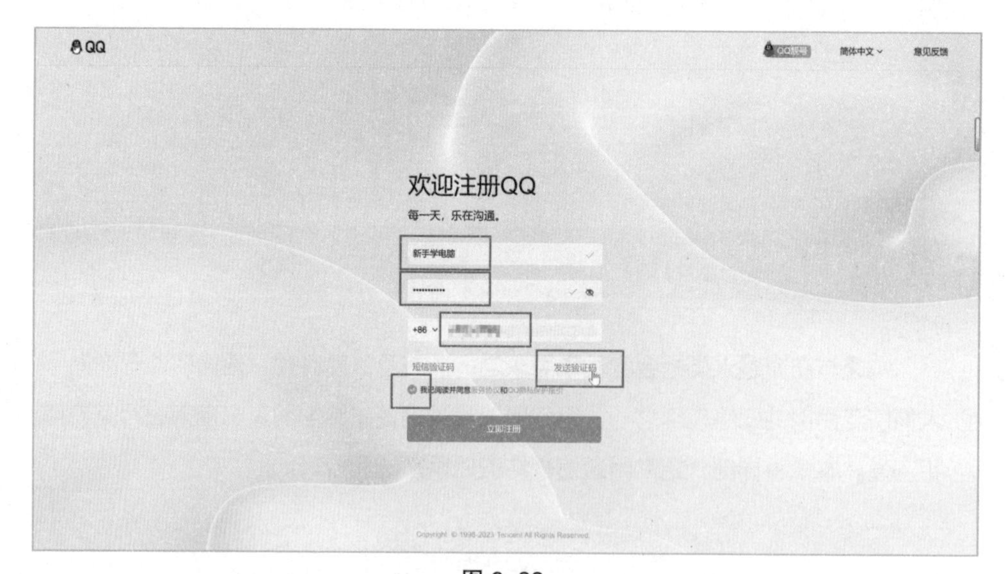

图 6-33

3 弹出如图6-34所示的对话框，拖动滑块完成拼图并进行验证。

4 将手机收到的短信验证码输入到【短信验证码】文本框中，然后单击【立即注册】，如图6-35所示。

图 6-34

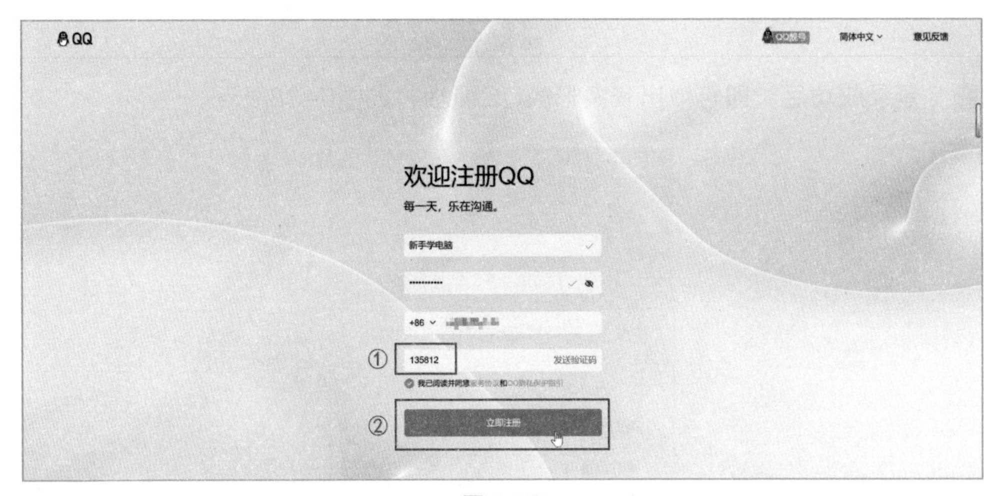

图 6-35

5 即可跳转到【注册成功】页面，将自己的QQ账号记录下来，如图6-36所示。

图 6-36

6 返回QQ登录窗口，输入QQ账号和密码，单击【安全登录】按钮，如图6–37所示。

图 6–37

7 登录成功后，即可弹出长条形的QQ面板，如图6–38所示。

图 6–38

2.添加QQ好友

刚申请的 QQ 号中没有任何好友，需要先添加好友才能和朋友交流，具体操作步骤如下：

1 在QQ的主面板上单击【加好友/群】按钮，如图6-39所示。

图 6-39

2 弹出【查找】对话框，在文本框中输入要添加的QQ号码，单击【查找】按钮，如图6-40所示。

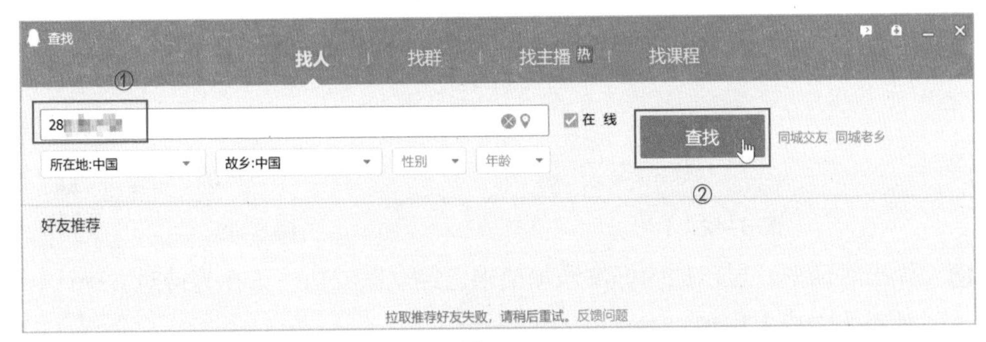

图 6-40

3 这样即可看到在搜索栏下方显示出的搜索结果，单击【+好友】按钮，如图6-41所示。

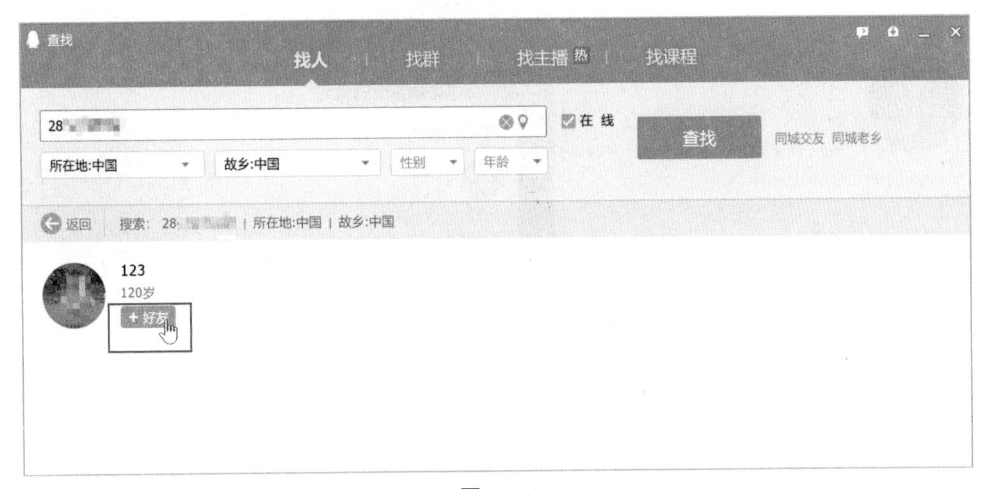

图 6-41

4 弹出【添加好友】对话框，在【请输入验证信息】文本框中输入发送给对方的验证信息，比如“我是小亮”，然后单击【下一步】按钮，如图6-42所示。

5 在【备注姓名】文本框中填写真实姓名或默认为网名，比如“小磊”，单击【下一步】按钮，如图6-43所示。

图 6-42　　图 6-43

6 弹出对话框，显示你的好友添加请求已经发送成功，正在等待对方确认。单击【完成】按钮，如图6-44所示。

7 对方同意后，会在任务栏显示闪烁图标，提示添加好友成功，如图6-45所示。

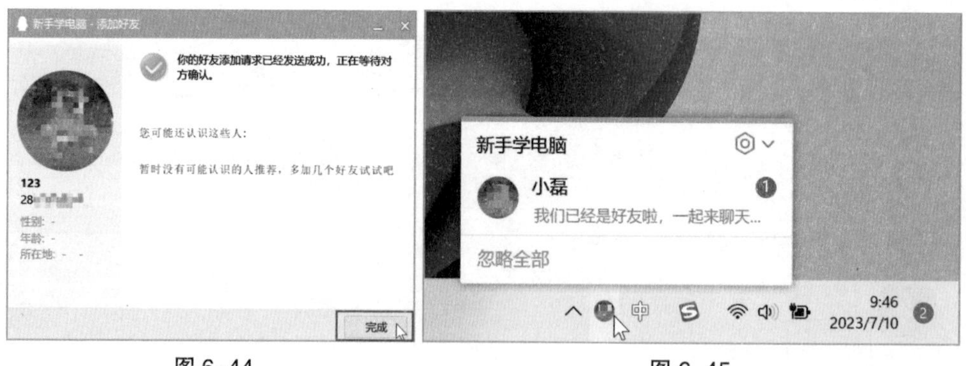

图 6-44　　图 6-45

3.与QQ好友文字聊天

在 QQ 面板中，头像显示为彩色的好友表示此时在线，显示为灰色的则不在线。如果好友在线，就可以同他（她）聊天了；不在线的好友也可以给他（她）发离线消息。与 QQ 好友文字聊天具体操作步骤如下：

1 在QQ面板中单击【我的好友】分组，展开好友列表，双击好友的头像，如图6-46所示。

图 6-46

2 将鼠标光标定位在聊天窗口下方的消息文本框中，输入聊天的文字信息，单击【发送】按钮，如图6-47所示。

图 6-47

3 消息发送成功后，当对方回复信息时，电脑中会发出类似“嘀嘀嘀”的提示音，任务栏中的QQ程序会闪烁好友的头像，如图6-48所示。

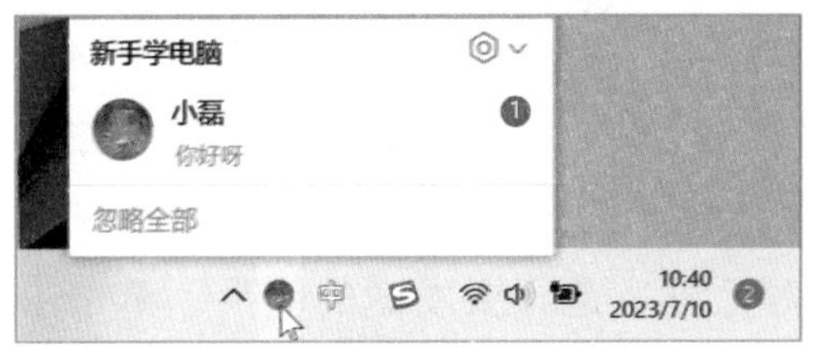

图 6-48

4 返回聊天窗口，聊天窗口会显示对方发送的信息，继续在消息文本框中输入文字信息即可，如图6-49所示。

图 6-49

4.使用QQ发送图片

除发送文字信息和表情符号外，用户还可以发送图片。发送的图片可以是电脑中的图片文件，也可以是 QQ 截图，下面分别讲解。

（1）发送图片文件

1 打开聊天窗口，单击消息文本框上方的【发送本地图片】按钮，如图6-50所示。

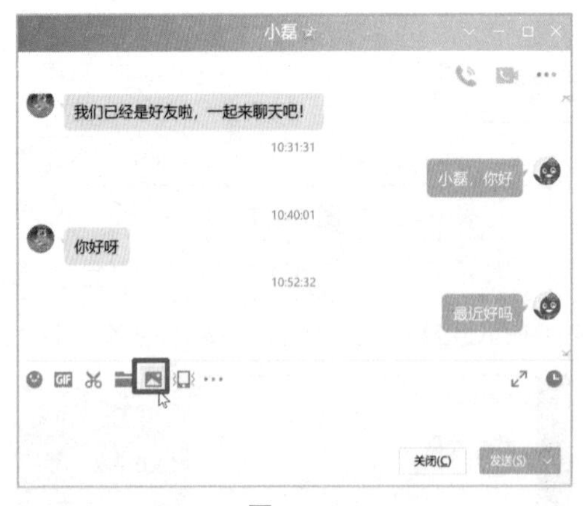

图 6-50

2 打开【打开】对话框，选择要发送的图片，单击【打开】按钮，如图6-51所示。

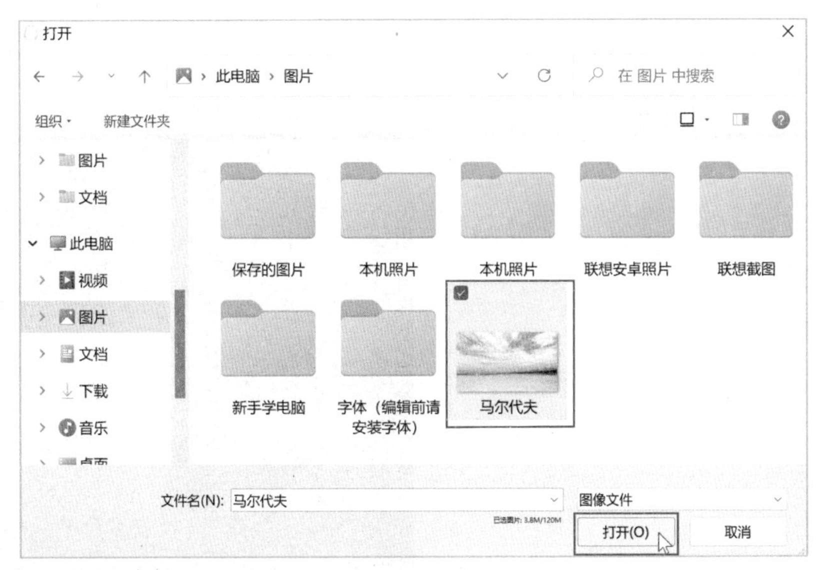

图 6-51

3 选择的图片就会插入消息文本框中，单击【发送】按钮，如图6-52所示。

4 发送成功后，图片信息将和文字信息一样显示在聊天窗口中，如图6-53所示。

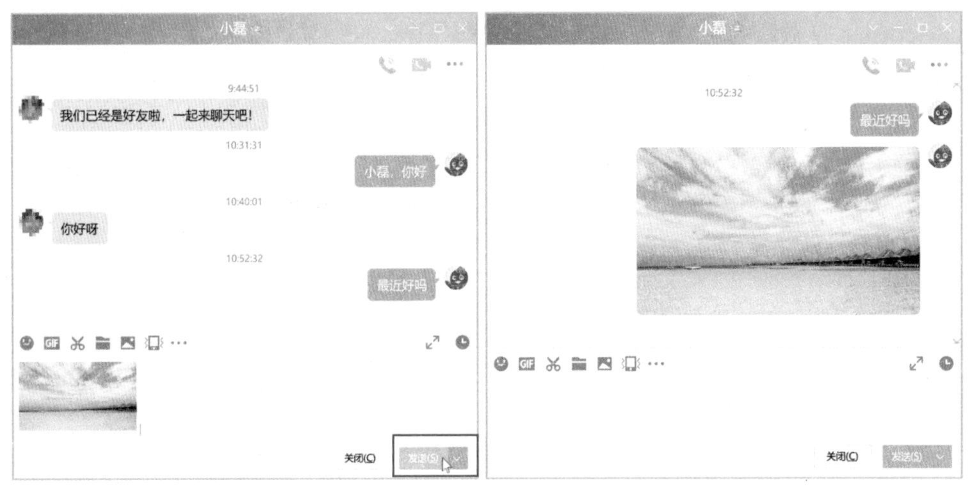

图 6-52　　　　图 6-53

（2）发送截图

1 打开聊天窗口，单击消息文本框上方的【屏幕截图】按钮，如图6-54所示。

2 此时鼠标指针变为彩色，按住鼠标左键并拖动，框选出要截取的图像区域，松开鼠标左键，单击【完成】按钮，如图6-55所示。

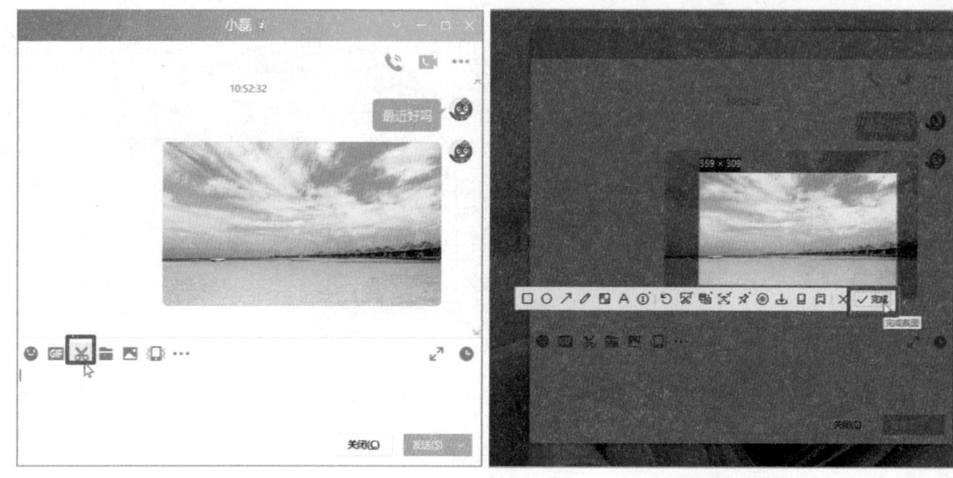

图 6-54　　图 6-55

3 这样所截取的图像就会自动复制、粘贴到聊天窗口的消息文本框中，单击【发送】按钮即可，如图6-56所示。

图 6-56

5.使用QQ语音聊天

用户使用 QQ 不但可以进行文字聊天，还可以进行语音聊天，前提是双方都有话筒、音箱或耳麦等语音设备，具体操作步骤如下：

1 打开聊天窗口，单击【发起语音通话】按钮，如图6-57所示。

2 在窗口右侧就会出现语音聊天窗格，等待对方接受，如图6-58所示。

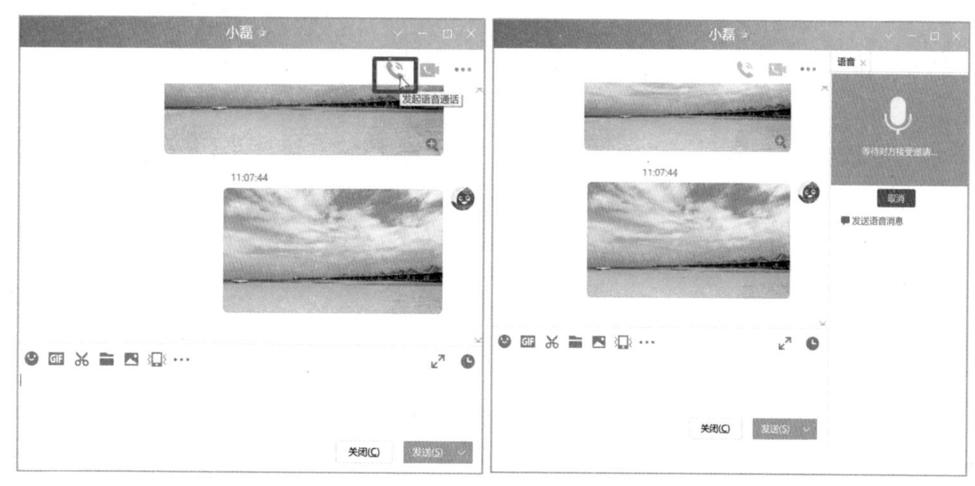

图 6-57

图 6-58

3 当对方接到语音通话的邀请后，在电脑屏幕右下角会弹出提示窗口，单击【接听】按钮即可开始语音通话，如图6-59所示。

图 6-59

4 聊天结束后单击【挂断】按钮即可结束语音通话，如图6-60所示。

图 6-60

实用贴士

QQ也可以像电脑一样锁屏，保护用户的隐私。打开QQ界面，按【Ctrl+Alt+L】组合键弹出提示框，锁定QQ的方式有两种：一是使用QQ密码解锁QQ锁；二是使用独立密码解锁QQ锁(QQ密码也可解锁)。以第一种为例，点击【确定】即可。用户在QQ页面单击解锁图标，在密码框中输入解锁密码，点击【确定】即可解锁。

6.3.2 使用微信聊天

微信是一款移动通信聊天软件，目前主要应用于智能手机，也可在电脑上使用，支持发送文字信息、语音信息、图片，也支持语音通话和视频通话。

1.使用电脑版微信

在使用电脑版微信前，也需要先下载、安装微信软件，之后才能登录使用，具体操作步骤如下：

1 启动电脑版微信，弹出登录对话框，提示用户使用微信扫码登录，如图6-61所示。

图6-61

2 打开手机微信，在【发现】选项卡中使用【扫一扫】功能，如图6-62所示。

3 扫描电脑版微信登录对话框中的二维码，手机弹出登录确认界面，单击【登录】按钮即可登录微信，如图6-63所示。

图 6-62　　　　图 6-63

4 打开电脑版即时聊天对话框，并显示聊天记录，单击【通讯录】选项卡，选择要发送消息的联系人，在右侧窗格中单击【发消息】按钮，如图6-64所示。

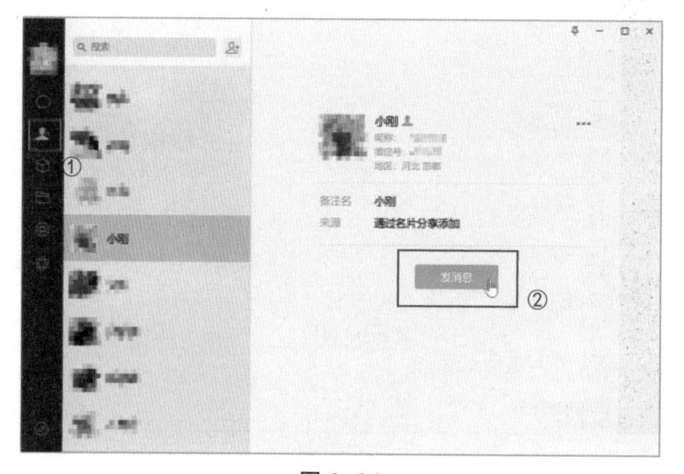

图 6-64

5 在下方的消息文本框中输入聊天信息，单击【发送】按钮即可，如图6-65所示。

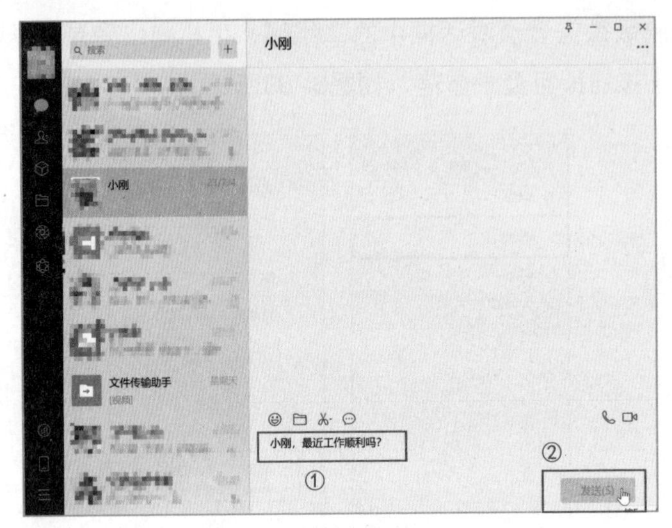

图 6-65

2.使用微信发送文件

微信和 QQ 一样，也可以发送文件，具体操作步骤如下：

1 打开电脑版微信聊天窗口，单击【发送文件】按钮，如图6-66所示。

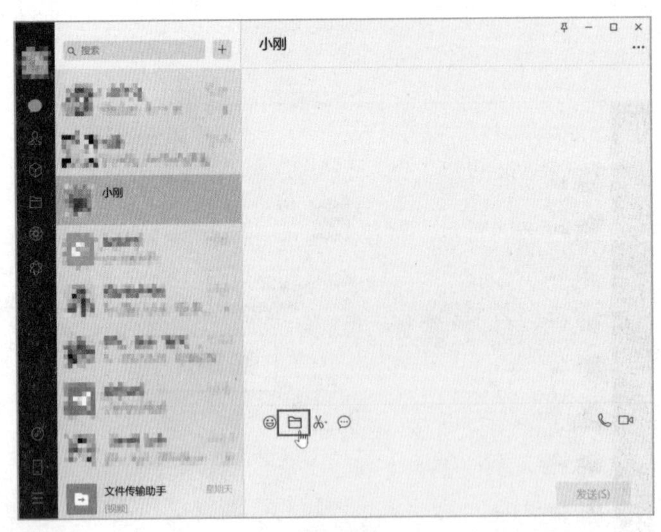

图 6-66

2 打开【打开】对话框，选择要发送的文件，单击【打开】按钮，如图6-67所示。

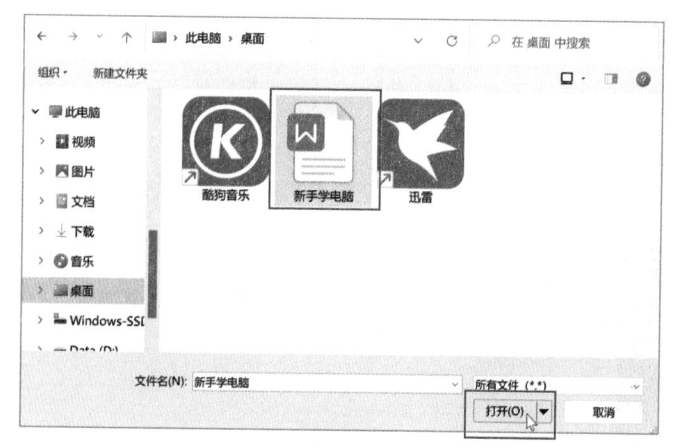

图 6–67

3 这样文件就会插入消息文本框中，单击【发送】按钮，如图6–68所示。

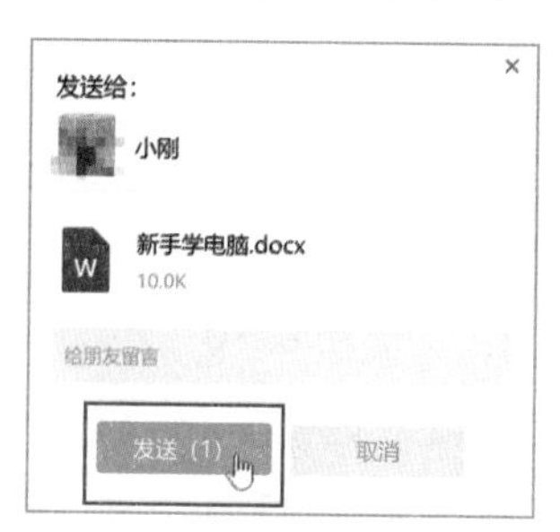

图 6–68

4 文件已发送给好友，如图6–69所示。

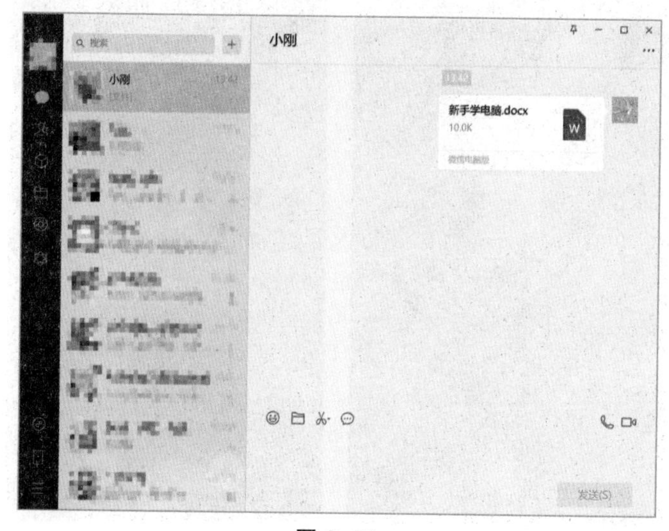

图 6–69

3.使用微信语音和视频聊天

微信同 QQ 一样，不仅可以进行文字聊天，还可以进行微信语音和视频聊天，具体操作步骤如下：

1 单击微信聊天窗口中的【语音聊天】按钮，如图6-70所示。

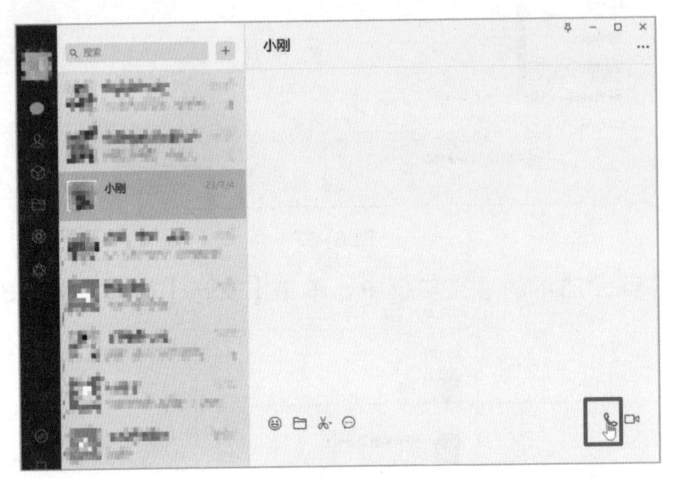

图 6-70

2 弹出与好友语音聊天的窗口，如图6-71所示。

3 等待对方接受邀请后，即可开始语音聊天，聊天完毕点击【挂断】即可结束语音聊天，如图6-72所示。

图 6-71

图 6-72

使用视频聊天和微信语音的具体操作步骤大同小异，单击微信聊天窗口中的【视频聊天】按钮，等待对方接听，语音聊天完毕后点击【挂断】即可结束语音聊天，如图 6–73 所示。

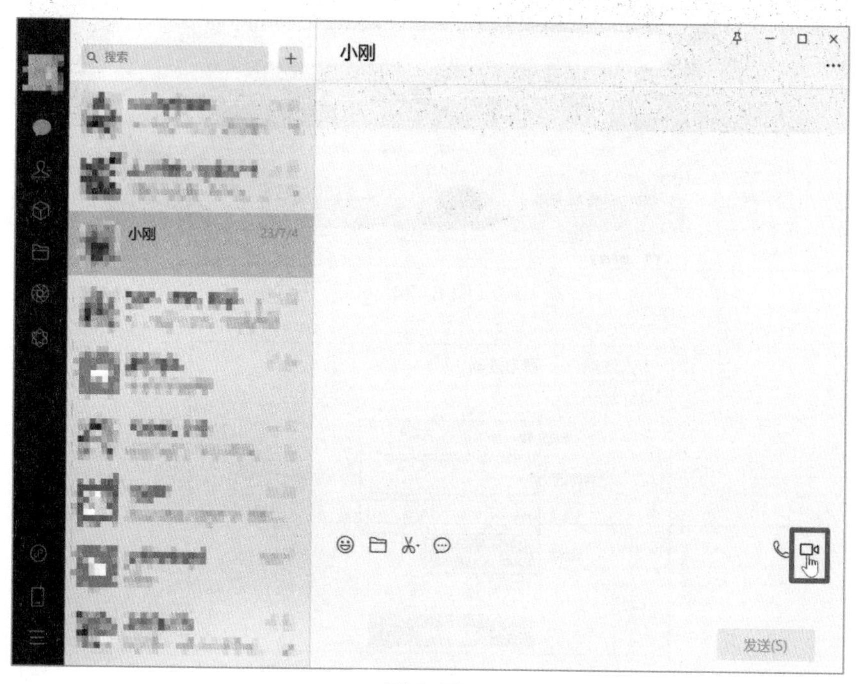

图 6–73

6.3.3 使用微博

微博现是较为流行的网络应用之一，是个人记录心情、分享见闻等的平台。微博的互动性较强，在微博中可以和网友很好地进行沟通。

1.申请微博

想要使用微博，首先要在相应的微博官方网站注册账号并开通自己的微博应用。以在新浪微博（http://www.weibo.com）注册账号为例，具体操作步骤如下：

1. 打开新浪微博首页，单击【立即注册】链接，如图6–74所示。
2. 在打开的注册页面中，输入手机号、密码和生日，单击【免费获取短信激活码】按钮，如图6–75所示。

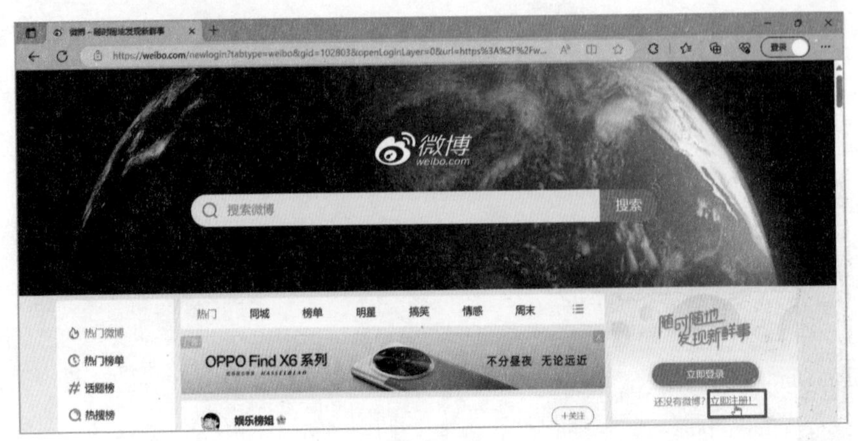

图 6-74

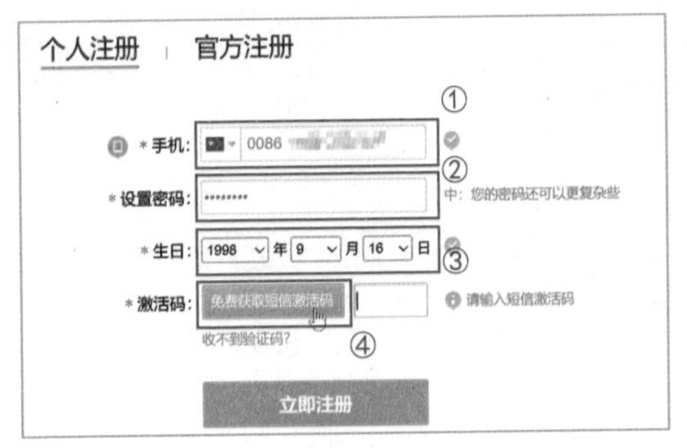

图 6-75

3 验证完成后，将手机收到的激活码输入文本框中，单击【立即注册】按钮，如图6-76所示。

图 6-76

4 这样即可跳转到完善资料的页面，在其中设置好昵称、生日、性别和所在地，单击【进入微博】按钮，如图6-77所示。

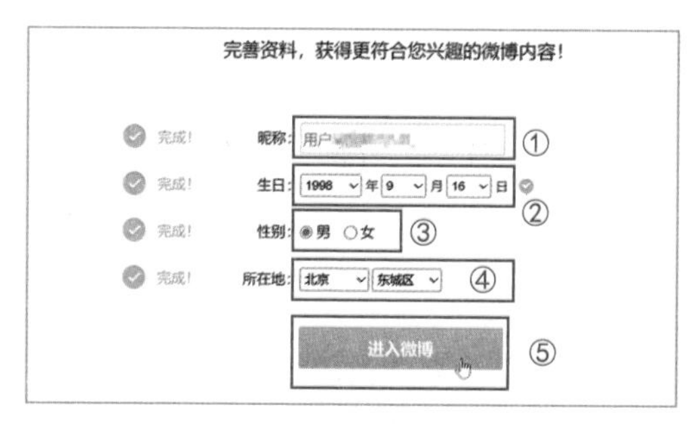

图 6-77

5 注册成功后，即可跳转到微博个人主页，如图6-78所示。

图 6-78

2.发表微博

注册好微博后，就可以发表微博了，具体操作步骤如下：

1 登录新浪微博，在微博首页的文本框中输入要发表的内容，然后单击【发布】按钮，如图6-79所示。

图 6-79

2 发布完成后即可在下方查看刚才发表的微博，如图6-80所示。

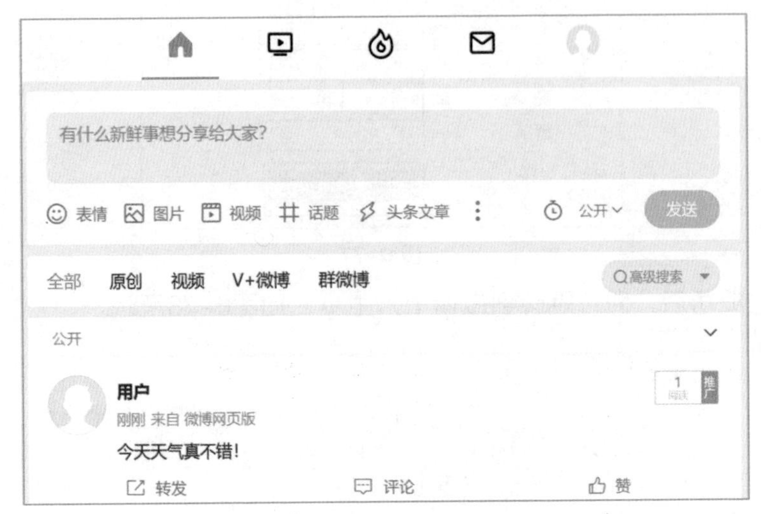

图 6-80

3.关注和取消微博用户

如果对某个微博用户感兴趣，可以通过添加关注，及时查看该用户的更新信息；如果对该用户不再感兴趣，可以随时取消关注。

关注微博用户的具体操作步骤如下：

1 登录新浪微博，单击导航栏左侧的【搜索框】，在【搜索框】中输入需要关注的用户，以“央视新闻”为例，选择“央视新闻”用户，如图6-81所示。

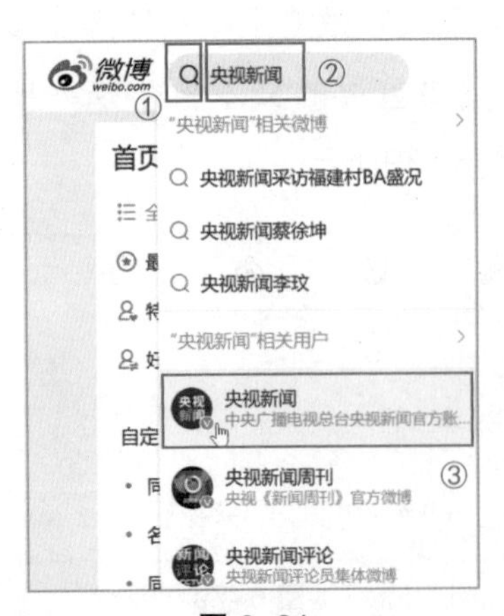

图 6-81

2 进入“央视新闻”主页，单击其右侧的【+关注】按钮，如图6-82所示。

图 6-82

3 完成关注后，会出现【关注成功】的小方框，如图6-83所示。

图 6-83

若不再需要关注某个用户，可以取消关注，具体操作步骤如下：

1 登录新浪微博，单击导航栏上的用户头像，即可进入个人主页，如图6-84所示。

图 6-84

2 在【个人主页】页面中，单击个人主页下方【我的关注】选项，如图6-85所示。

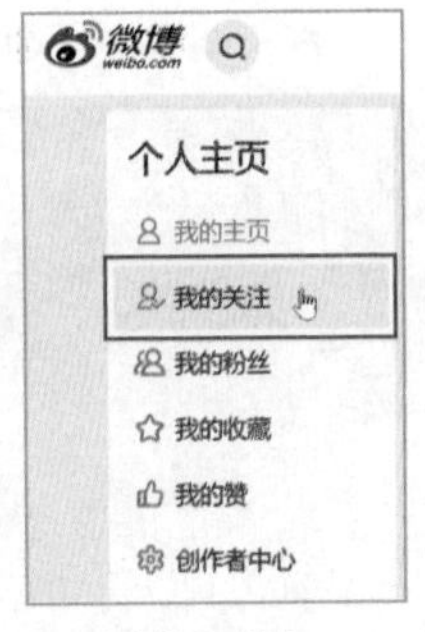

图 6-85

3 在【我的关注】页面，鼠标指针移至要取消关注用户右侧的【已关注】按钮，在弹出的下拉列表中单击【取消关注】选项，如图6-86所示。

图 6-86

4 弹出提示对话框，单击【确定】按钮即可取消关注该用户，如图6-87所示。

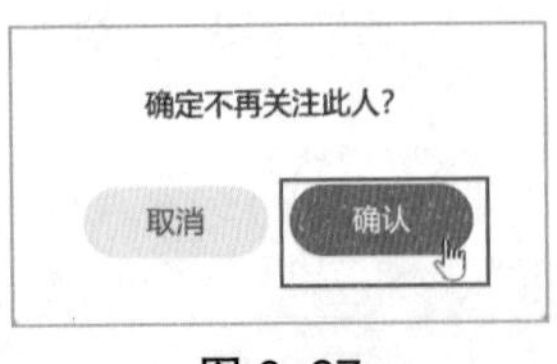

图 6-87

6.4 网上购物

网上购物是指在互联网上检索商品信息，然后通过电子订单发出购物请求，进行网上支付后，卖方通过快递的形式将商品送上门。网上购物打破了传统的购物模式，用户足不出户就可以购买到自己满意的商品。

6.4.1 如何在商城购物

在京东商城（http://www.jd.com）购物之前，需要先注册京东账号，注册方法也比较简单，具体步骤不再介绍。注册完账号后，就可以登录京东商城购买商品了，具体操作步骤如下：

1 打开京东商城首页，单击页面上方的【你好，请登录】链接，如图6-88所示。

图 6-88

2 在打开的登录界面中，用手机京东扫描二维码登录，如图6-89所示。也可以使用账户登录。

图 6-89

3 登录成功后，在页面左侧选择商品类型，如【食品/酒类/生鲜/特产】，在右侧展开的菜单中选择【新鲜水果】组中的【火龙果】链接，如图6-90所示。

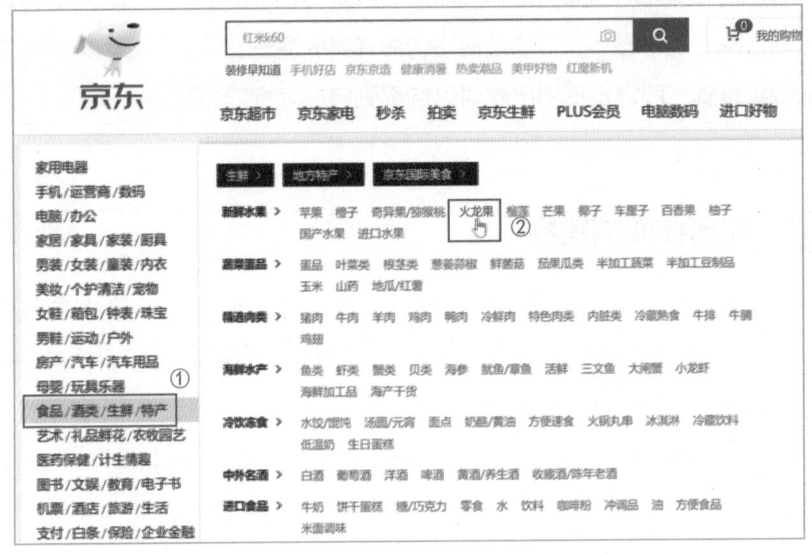

图 6-90

4 在打开的页面中显示搜索结果，选择一款商品，单击该商品的图片链接，如图6-91所示。

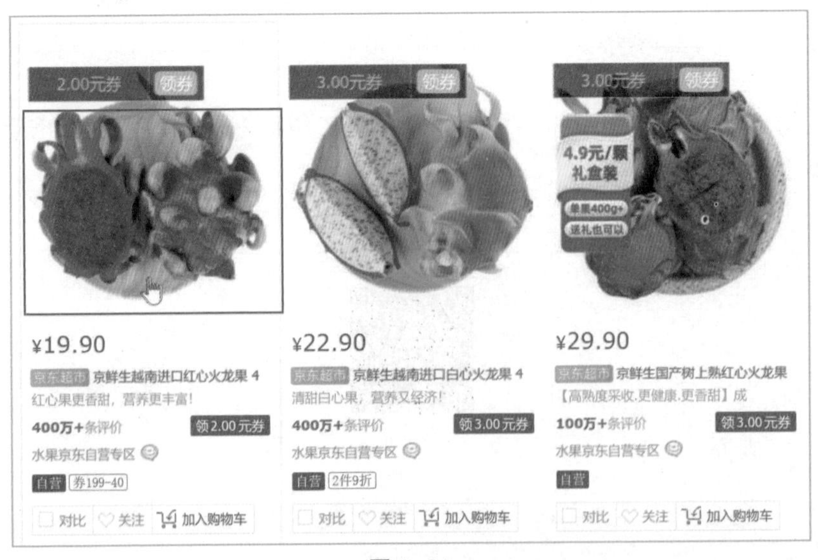

图 6-91

5 在打开的页面中显示该商品的详细介绍，如果确认购买，设置【配送至】的地址，选择种类信息，然后单击【加入购物车】按钮，如图6-92所示。

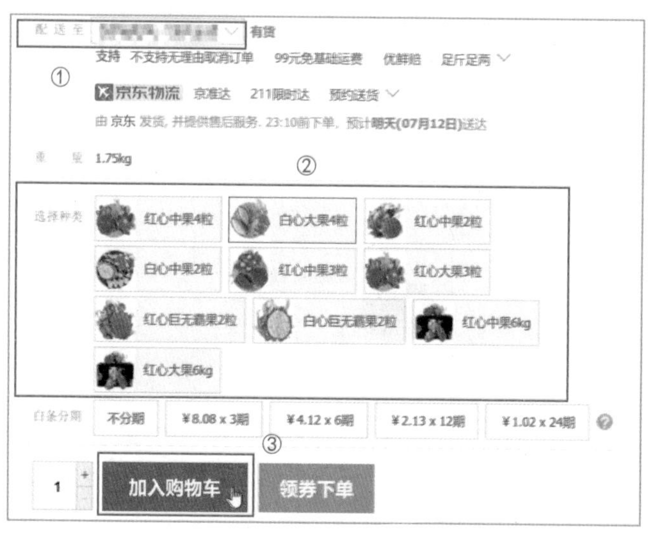

图 6-92

6 如果还需要购买其他商品，可再次搜索商品，将要购买的商品加入购物车，选购完成之后，单击【去购物车结算】按钮，如图6-93所示。

图 6-93

7 打开【购物车】页面，单击【去结算】按钮，如图6-94所示。

图 6-94

8 在打开的【订单结算页】页面中选择收货人信息、支付方式、配送方式等信息，如图6–95所示。

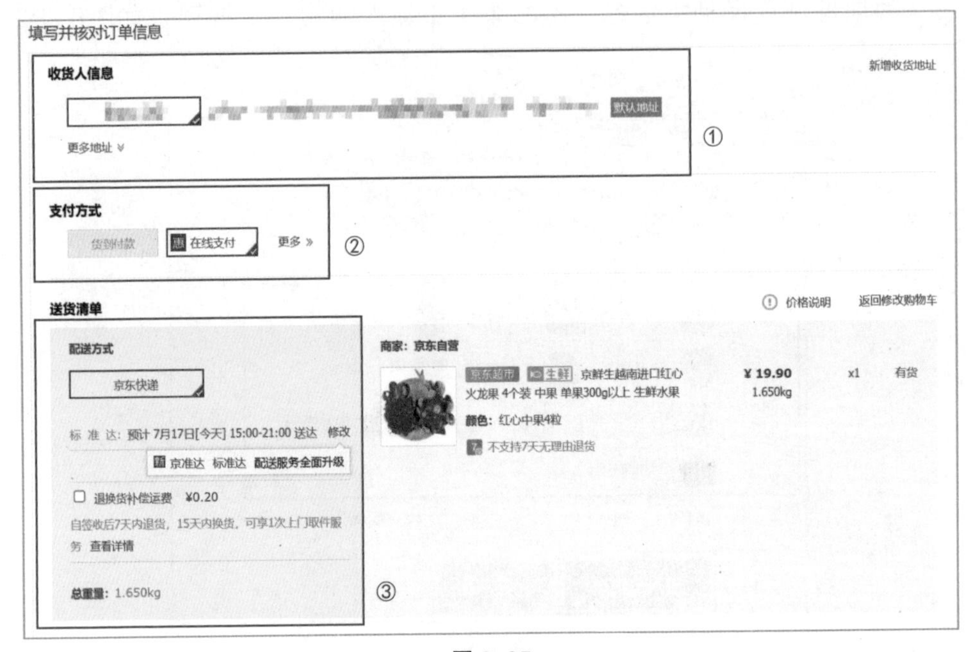

图 6–95

9 确认完成后，输入支付密码，单击页面下方的【提交订单】按钮，如图6–96所示。

总商品金额：¥19.90
运费：¥0.00
红包：-¥5.00
应付总额：¥14.90
寄送至：
支付密码：
忘记密码？
①
提交订单
②

图 6–96

10 在打开的【京东收银台】页面中选择支付方式，以微信支付为例，单击

【微信支付】按钮，如图6–97所示。

图 6–97

11　在打开的页面中使用手机微信扫描屏幕上的二维码，然后完成支付即可显示购买成功，如图6–98所示。

图 6–98

6.4.2 如何购买火车票

购买火车票的方法有很多种，可以在中国铁路 12306 网站上购买，也可以在代售点购买，还可以在携程网、去哪儿网等网站购买。下面以携程网（https://www.ctrip.com）购买火车票为例进行介绍，具体操作步骤如下：

1 登录携程网账号，鼠标指针依次移至菜单栏、【火车票】按钮，在【火车票】按钮下弹出的下拉菜单中选择【国内火车票】，如图6-99所示。

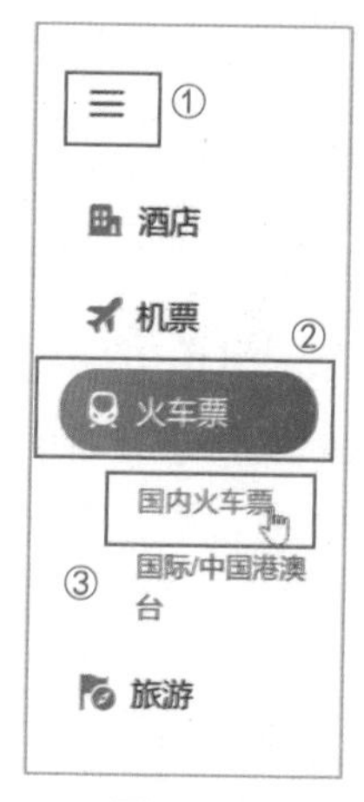

图 6-99

2 设置行程类型、出发城市、到达城市和出发日期，如果行程类型为【往返】，还要设置返回日期，单击【搜索】按钮，如图6-100所示。

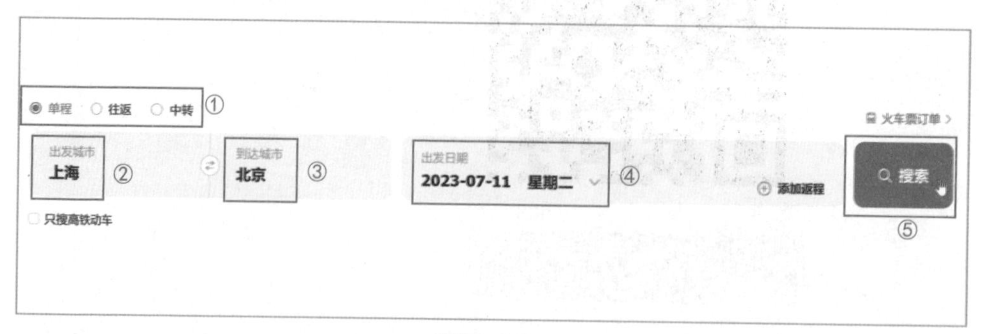

图 6-100

3 在打开的页面中可以看到符合条件的各列车信息，选择要预订的列车和

座位类型，单击座位类型右侧的【订】按钮，如图6–101所示。

4 在弹出的下拉菜单中选择车座信息，如【二等座】，单击【预定】按钮，如图6–102所示。

出发	历时/车次	到达	座位	价格	
17:20 上海虹桥	5时54分 G158	23:14 北京南	二等座有票 一等座20张 商务座14张	¥553	订
17:41 上海虹桥	6时1分 G160	23:42 北京南	二等座有票 一等座有票 商务座16张	¥553	订
17:46 上海虹桥	6时5分 G162	23:51 北京南	二等座有票 一等座有票 商务座16张	¥553	订
17:55 上海	4时40分 G26	22:35 北京南	二等座有票 一等座有票 商务座4张	¥604	订

图 6–101

图 6–102

5 在打开的页面中确认列车信息，填写乘客信息、在线选座，最后单击【普通预订】按钮，如图6–103所示。

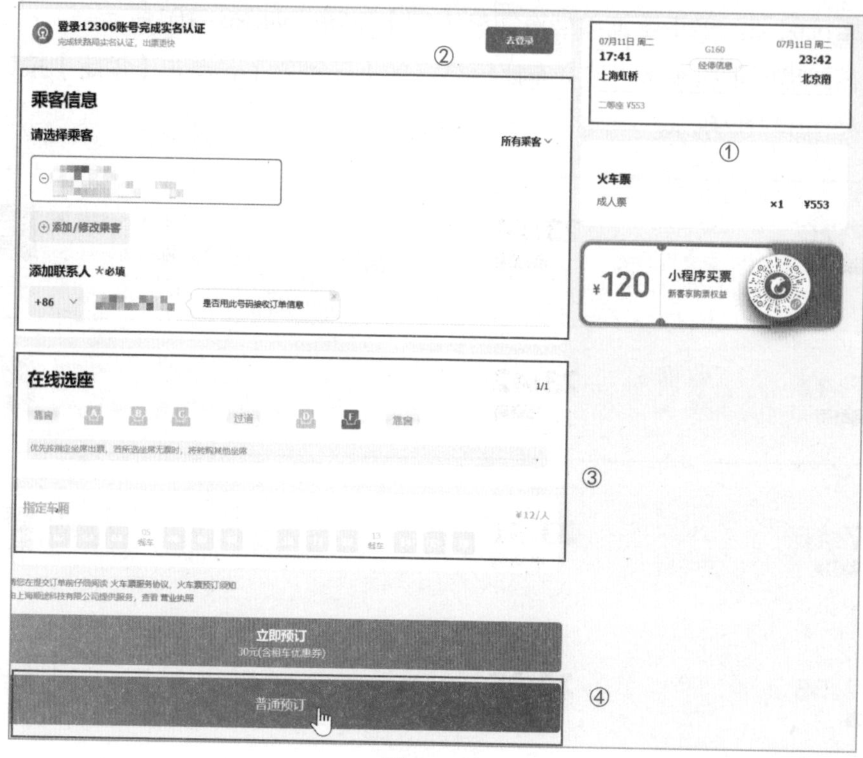

图 6-103

6 在线购买火车票需要先在中国铁路12306网站注册账号，这时会弹出【登录12306账号】的页面，输入账号、密码，勾选“账户授权协议”，然后点击登录12306按钮，如图6-104所示。

登录12306账号

铁路局规定购票需实名制

登录12306账号，享极速退改、会员积分

同意《账户授权协议》

没有账号，极速注册

登录12306

线上极速退改

免登录，10元/份

①
②
③

图 6-104

7 登录成功后，系统自动开始锁定座席，并显示其进度，进行占座，如图6-105所示。

图 6-105

8 占座成功后，点击【立即支付】即可，如图6-106所示。在此页面中，还会显示车票信息、价格明细等信息，乘客需要进行最后确认。

图 6-106

9 进入支付页面，需要在5分钟内完成支付，选择【微信支付】，如图6-107所示。

10 在打开的页面中使用手机微信扫描屏幕上的二维码，然后完成支付即可显示购买成功，如图6-108所示。

图 6–107

图 6–108

打开网站后，网站会根据用户的 IP 地址自动跳转到您所在城市，如果没有自动跳转，单击左上角的【切换城市】即可。

Chapter

07

第 7 章

软件的安装与管理

电脑由硬件与软件组成，软件是电脑的管家，用户需要借助软件来完成各项工作。在系统安装完毕后，首先要做的事情就是安装软件，安装各种类型的软件可以大大提高电脑的工作效率。本章主要介绍常用的软件、软件安装和卸载等基本操作。

学习要点：★了解常用的软件

★掌握安装软件的方法

★掌握卸载软件的方法

7.1 认识常用软件

软件的种类越来越多，而其分类也可依据不同的标准而不同。软件主要包括文件处理类、社交类、网络应用类、安全防护类、影音图像类等。下面介绍常用的几类软件。

7.1.1 文件处理类

电脑办公离不开对文件的处理，文件处理类软件旨在处理和管理各种类型的文件。常见的文件处理软件有 Microsoft Office、WPS Office、Adobe Acrobat 等。这些软件通常包括文本编辑器、电子表格软件和幻灯片软件，用于创建、编辑和查看文档、数据表和演示文稿。它们帮助用户处理和组织文件，以便有效地创建和编辑内容。如图 7–1 所示为 Word 2021 操作界面。

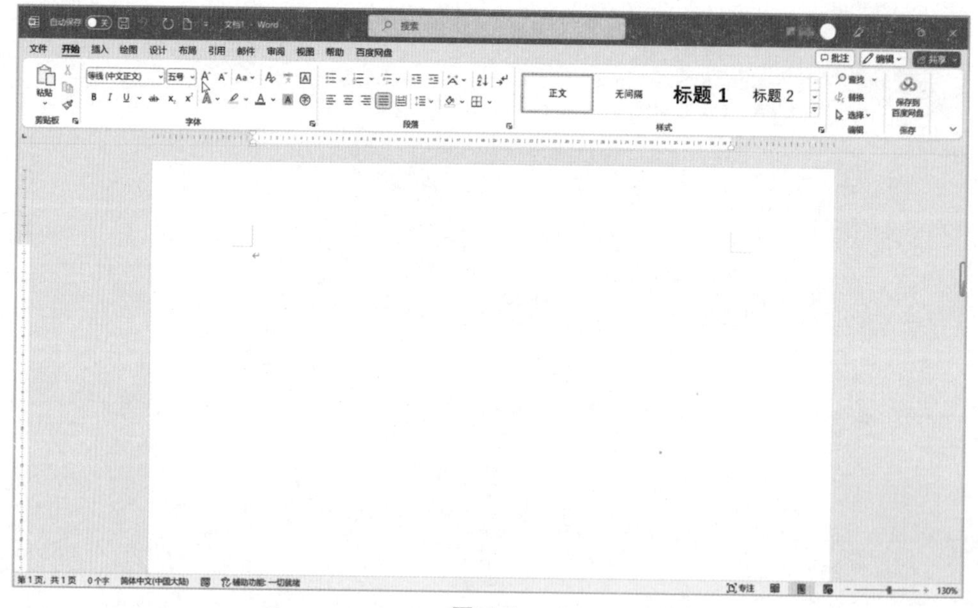

图 7–1

7.1.2 社交类

社交类软件用于与他人交流，比较常用的有腾讯 QQ（简称 QQ）、微信等。

QQ 是一款基于互联网的即时通信软件，它可以提供与好友的在线聊天、即时传送文件等服务。此外，QQ 还具有共享文件、玩游戏以及其他的一些功能。如图 7-2 所示为 QQ 界面的聊天窗口。

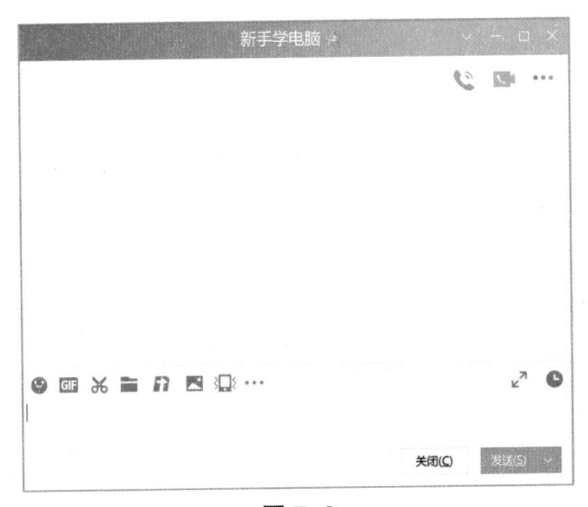

图 7-2

微信既可以应用在电脑上，也可以应用在智能手机上，支持收发语音消息、视频、图片和文字等功能，可以进行群聊。如图 7-3 所示为微信电脑客户端的聊天窗口。

图 7-3

QQ的功能很强大。以聊天界面中的【✂】为例，按【Ctrl+Alt+A】组合键可以快速启动屏幕截图，按【Ctrl+Alt+O】组合键可以快速启动屏幕识图，按【Ctrl+Alt+S】组合键可以快速启动屏幕录制，按【Ctrl+Alt+F】组合键可以快速启动屏幕翻译。

7.1.3 网络应用类

网络应用类软件用于浏览和访问网络资源。这些软件包括网页浏览器、电子邮件客户端和文件传输工具。它们使用户能够访问网页、发送和接收电子邮件、上传和下载文件，并与网络上的内容进行交互。常见的浏览器有 Microsoft Edge 浏览器、搜狗高速浏览器、360 安全浏览器等。如图 7-4 所示为 Microsoft Edge 的浏览器界面。

图 7-4

7.1.4 安全防护类

安全防护类软件旨在保护计算机和用户的安全。常用的免费安全防护类

软件有 360 安全卫士、腾讯电脑管家等。这些软件包括杀毒软件、防火墙程序和密码管理器。它们帮助检测和阻止恶意软件、保护计算机免受网络攻击，并帮助用户管理和保护其密码和个人信息。如图 7–5 所示为腾讯电脑管家界面。

图 7–5

7.2 安装软件

Windows 操作系统中的系统软件和应用软件需要安装以后才能使用。常见的软件安装方法主要有两种：一是从官方网站下载；二是从应用商店中下载。软件的安装方法基本上都是一样的，只是安装界面上有些不同，用户只需要掌握一般的安装方法即可，以从官方网站下载软件为例进行介绍。

7.2.1 官网下载

以下载爱奇艺软件安装包为例进行讲解，具体操作步骤如下：

1 打开Microsoft Edge浏览器，在地址栏中输入“https://www.iqiyi.com”，按【Enter】键即可打开爱奇艺官网，如图7-6所示。

图 7-6

2 打开爱奇艺官网，鼠标指针移至【客户端】，弹出快捷窗口点击【查看更多】，如图7-7所示。

3 打开【爱奇艺PC客户端】页面，单击【立即下载和安装】按钮，如图7-8所示。

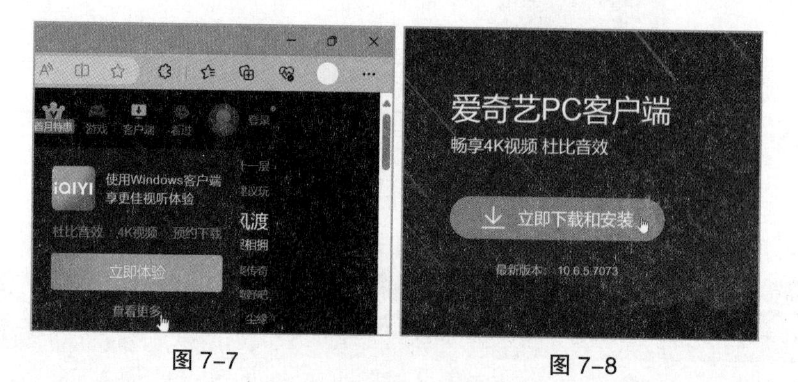

图 7-7 图 7-8

4 此时软件安装包开始下载，并在浏览器左下角显示下载的进度，如图7-9所示。

图 7-9

5 下载完成后，单击【打开文件】链接，即可运行该软件的安装程序，如图7-10所示。

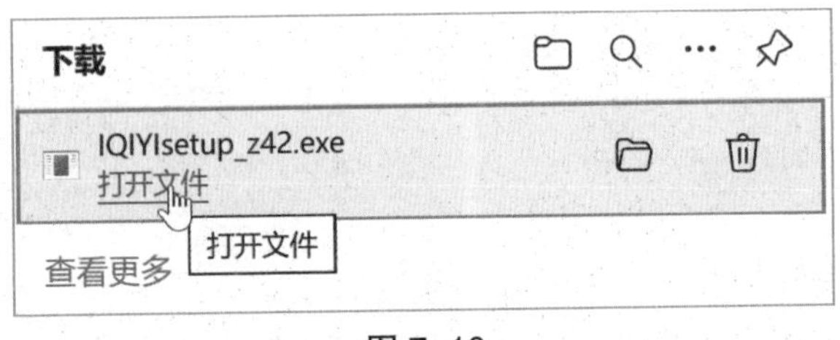

图 7-10

7.2.2 开始安装

爱奇艺安装包已下载完成，接下来开始安装，具体操作步骤如下：

1 打开下载的爱奇艺软件安装包，界面弹出安装对话框后，鼠标先勾选【阅读并同意用户服务协议及隐私政策】。多数情况下，软件的安装地址默认在C盘，但C盘如果安装过多的软件，很可能导致电脑卡顿，也可以选择将安装软件的地址改在D盘或其他盘中，此时我们可以点击【浏览目录】，如图7-11所示。

2 此时会弹出【浏览文件夹】窗口，在D盘新建一个“123”文件夹并点击，然后点击【确定】按钮，如图7-12所示。

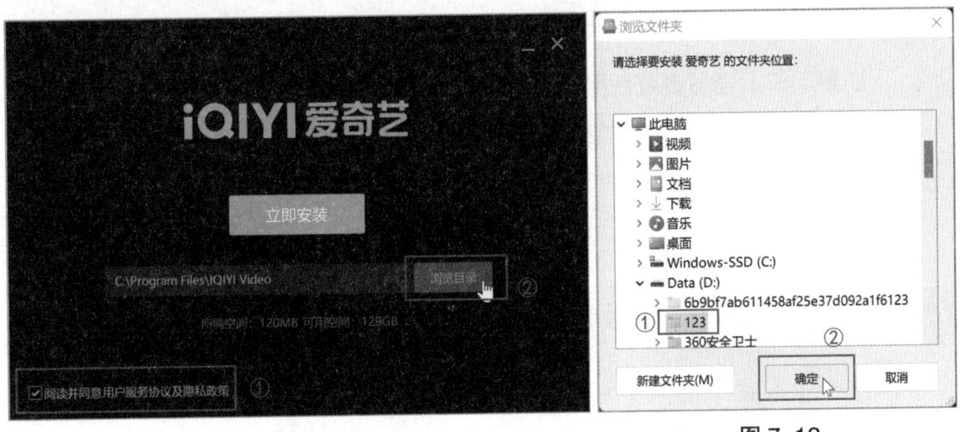

图 7-11　　图 7-12

3 返回到爱奇艺安装界面，此时安装地址从默认的C盘改成了D盘，单击【立即安装】按钮，如图7-13所示。

4 安装完成后，点击【立即体验】按钮，即可打开爱奇艺软件，如图7-14所示。

图 7-13

图 7-14

实用贴士

从官网下载完成后，如果没有弹出【下载】对话框，可以按【Ctrl+J】组合键快速打开下载对话框。

7.3 卸载软件

如果用户不再需要或使用某个软件，可以考虑将其卸载，这样可以节省电脑资源。卸载软件的方法有很多，下面分别介绍在【设置】面板中卸载和在【程序和功能】窗口中卸载的方法。

7.3.1 在“设置”面板中卸载

用户在【设置】面板中卸载软件具体操作步骤如下：

1 按【Windows+I】组合键，打开【设置】面板，点击【设置】面板左侧的【应用】选项卡，选择【应用和功能】按钮，如图7-15所示。

2 进入【应用>应用和功能】界面，在【应用列表】中，选择要卸载的软件，

单击程序右侧的【 ⋮ 】按钮，在弹出的菜单中单击【卸载】选项，如图7-16所示。

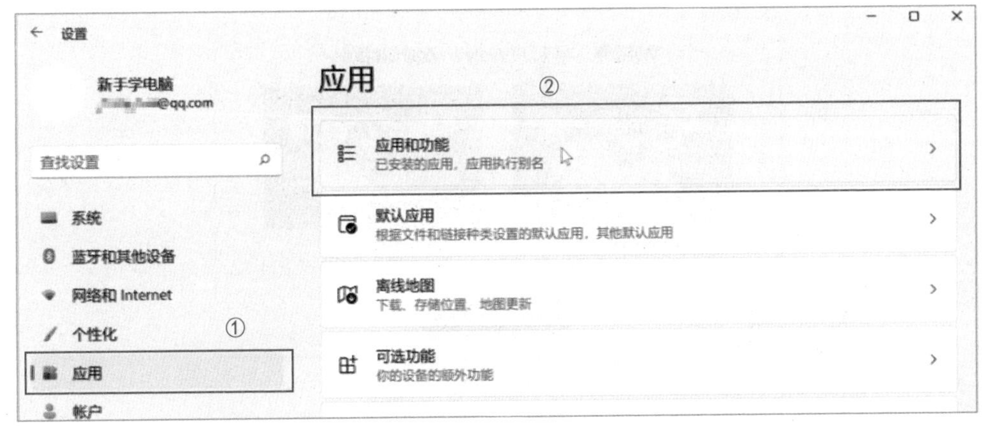

图 7-15

图 7-16

3 弹出如图7-17所示的提示框，单击【卸载】按钮。

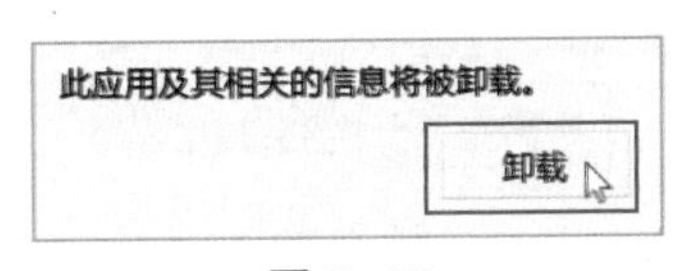

图 7-17

4 弹出软件卸载对话框，单击【继续卸载】按钮，如图7-18所示。不同的软件卸载时的选项会稍有不同，按提示卸载即可。

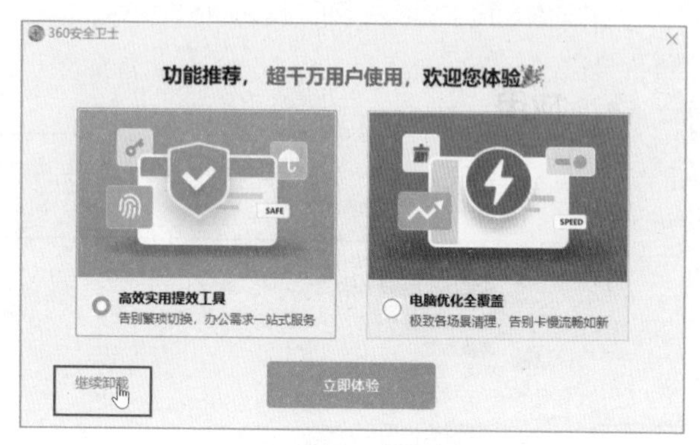

图 7-18

5 软件开始卸载，并显示进度，如图7-19所示。

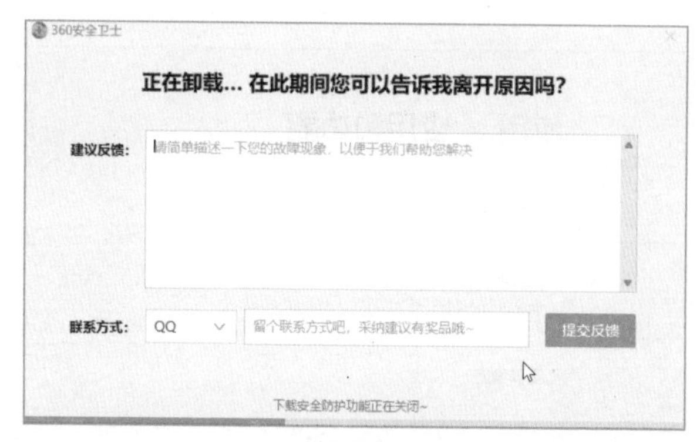

图 7-19

6 卸载完成后单击【感谢使用，再见】按钮即可完成卸载，如图7-20所示。

图 7-20

7.3.2 在“程序和功能”窗口中卸载

软件安装完成后，会自动显示在所有应用列表中，如果需要卸载，可以在所有应用列表中查找。

1 按键盘上的【■】键打开【开始】菜单，单击【所有应用】按钮，如图7-21所示。

图 7-21

2 在【所有应用】列表中，右击要卸载的软件，如【爱奇艺】，在弹出的快捷菜单中单击【卸载】命令，如图7-22所示。

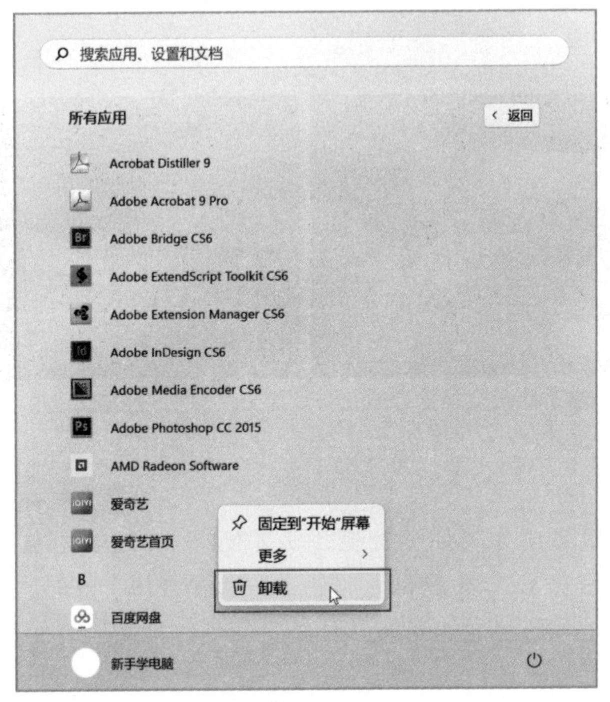

图 7-22

3 弹出【程序和功能】窗口，选择【爱奇艺】软件，然后单击【卸载】按钮，如图7-23所示。

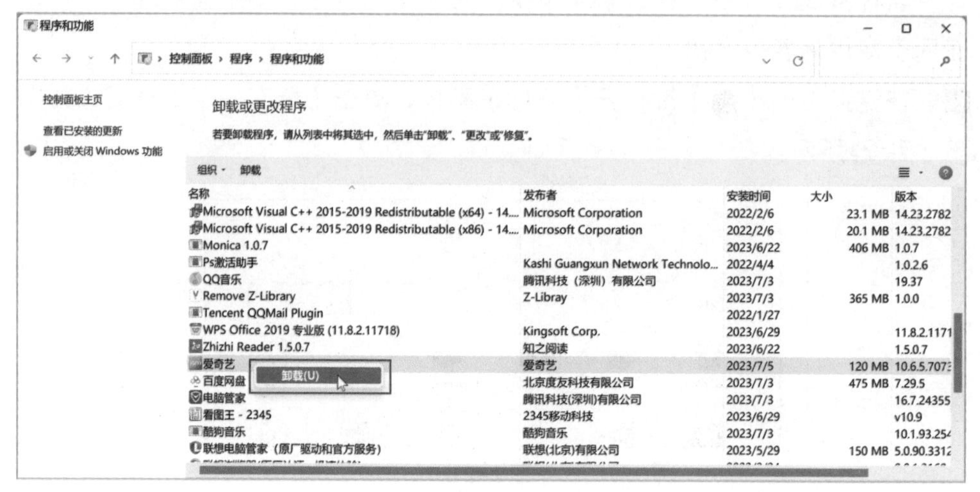

图 7-23

4 弹出软件卸载对话框，单击【继续卸载】按钮即可，如图7-24所示。

5 软件随即开始卸载，并加载卸载进程，卸载完成后，点击【完成】按钮，软件卸载完毕，如图7-25所示。

图 7-24

图 7-25

通过第三方软件卸载软件要方便得多，如 360 软件管家、腾讯电脑管家等，以【腾讯电脑管家 – 软件市场】为例，单击【卸载】图标，进入软件卸载列表，勾选要卸载的软件，单击【一键卸载】按钮，即可完成卸载。

Chapter

08

第 8 章

学会电脑打字

导读 ▷

使用电脑打字是电脑办公的基本操作。输入英文十分简单，只需在键盘上按字母键即可。但是汉字不像英文一样可以直接用键盘输入，必须要通过汉字输入法，才能输入所需的汉字。本章主要介绍电脑打字的基本知识、使用输入法打字等。

学习要点：★了解电脑打字的基本知识

★了解输入法的基本知识

★熟练使用输入法打字

8.1 电脑打字的基础知识

用户需要使用键盘才能在电脑中输入文字或输入操作命令。使用键盘时，为了避免因为坐姿不当而导致的身体疲劳，用户必须要有正确的坐姿，并且要掌握击键要领，劳逸结合，尽可能减少在使用电脑的过程中造成的身体疲劳。本节将介绍使用键盘的基本方法。

8.1.1 认识语言栏

语言栏是指电脑右下角的输入法，主要用于输入法切换，并为用户提供更好的输入体验，如图 8–1 所示。

图 8–1

单击任务栏中的【中】或【英】按钮，可以进行中文与英文输入状态的切换。此时语言栏显示微软拼音输入法状态条，如图 8–2 所示。

图 8–2

鼠标右击任务栏【中】或【英】按钮，弹出如图 8–3 所示的快捷菜单，选择【输入法工具栏（关）】命令，就可以关闭输入法工具栏。

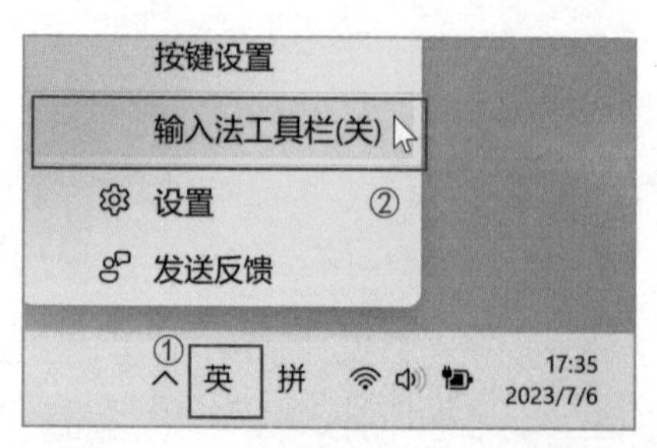

图 8–3

8.1.2 基准键位

基准键位的主要作用是帮助打字员在输入其他键位时保持准确和稳定，通过找准基准键位的位置，可以较快地定位其他按键，并在按下后迅速返回基准位置。

键盘中有 8 个按键被规定为基准键，从左到右依次为 A、S、D、F、J、K、L 和；，如图 8-4 所示。值得注意的是，F 键和 J 键上的小横杠可通过触觉帮助打字员准确定位基准键位。

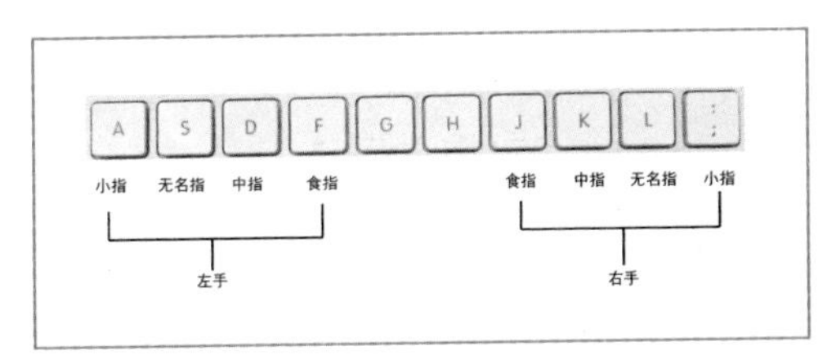

图 8-4

8.1.3 手指的正确分工

指法是指按键的手指分工。键盘上每一个字母都有其特殊的排布方式，而正确的指法则能加快手指的敲打速度，增加打字的准确性，并能减轻手指的劳损。

在敲击按键时，每个手指除了控制指定的基本键外，还要兼顾基本键周围的按键，左右手所负责的按键具体分配情况如图 8-5 所示。图 8-5 中用不同颜色和线条区分了双手十指具体负责的键位，具体说明如下：

◆左手食指负责的键位有 4、5、R、T、F、G、V、B 八个键；

◆左手中指负责 3、E、D、C 四个键；

◆左手无名指负责 2、W、S、X 四个键；

◆左手小指负责 1、Q、A、Z 及其左边的所有键位；

◆右手食指负责 6、7、Y、U、H、J、N、M 八个键；

◆右手中指负责 8、I、K、，四个键；

◆右手无名指负责 9、O、L、。四个键；

◆右手小指负责 0、P、/、；及其右边的所有键位。

◆双手的拇指用来控制空格键。

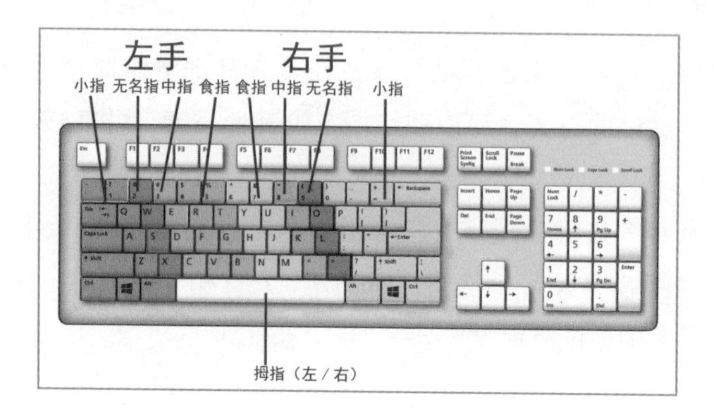

图 8–5

8.1.4 正确的打字姿势

打字时必须保持笔直的坐姿，如图 8–6 所示。若坐姿不当，不仅会影响打字的速度，还会使人感到疲倦。正确的坐姿应该遵守下面的一些原则。

◆两脚平放，腰背挺直，两臂自然下垂，两肘贴于肋部。

◆身体可略倾斜，与键盘保持 20~30 厘米的距离。

◆将文稿放在键盘左边，或用一个专用夹子把稿件放到显示器的旁边。

◆打字时眼观文稿，身体不要跟着倾斜。

图 8–6

实用贴士

键盘的主键盘区上方有一些特殊按键，它们都包括两个符号，位于上方的符号是无法直接输入的，需要同时按住【Shift】键与所需的符号键，才能输入这个符号。

8.2 输入法的基础知识

在电脑默认的英文输入状态下，我们只能输入英文字母和标点。如果想要输入汉字，就需要使用汉字输入法。

8.2.1 常见的输入法

汉字输入法的类型有很多，用户可根据需要自行选择。下面介绍两种常见的输入法。

1.搜狗拼音输入法

搜狗拼音输入法是基于搜索引擎技术的输入法产品，搜狗输入法支持多种语言输入，包括中文、英文、日文等，还具备智能纠错功能，可以自动纠正输入过程中的拼写错误或误输入。搜狗输入法内置了庞大的词库，包括常用词汇和热门词语，同时还支持用户添加和编辑自定义词库。如图 8–7 所示为搜狗拼音输入法的输入界面。

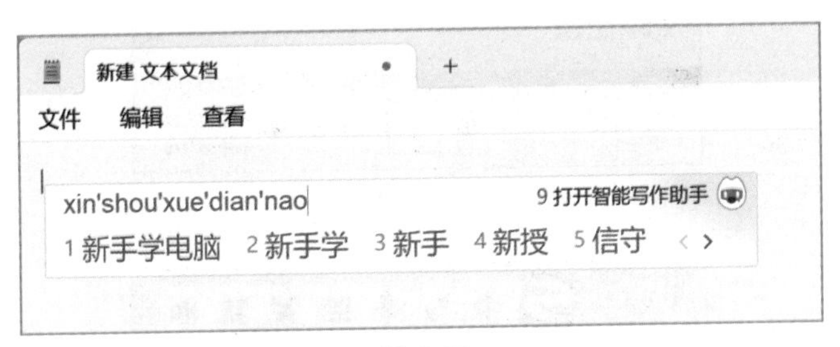

图 8–7

2.微软拼音输入法

微软拼音输入法是 Windows 操作系统的默认输入法，已预装在 Windows 系统中。微软拼音输入法支持云同步功能，可以将用户的个人设置和自定义词库同步到不同设备上，确保一致的输入体验，还提供了模糊音设置，为一些带口音的用户提供了便利。如图 8–8 所示为微软拼音输入法的输入界面。

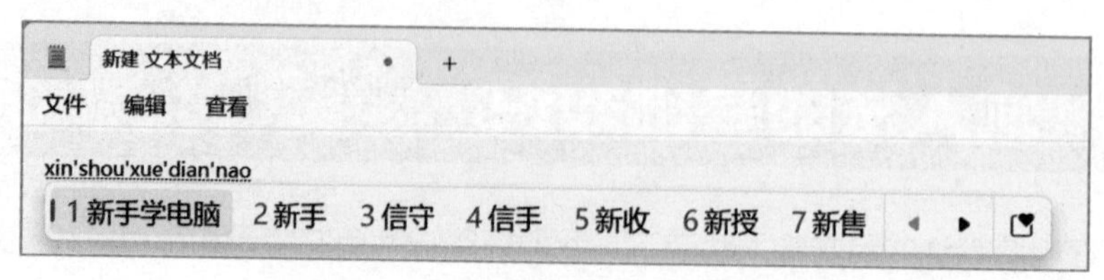

图 8-8

8.2.2 输入法的选择

在打字前，首先要切换到自己需要的输入法，方法十分简单，只需用鼠标左击语言栏【拼】的按钮，在弹出的输入法菜单中选择需要的输入法命令即可，以搜狗输入法为例，如图 8-9 所示。选择某种输入法后，按钮就会变为相应的按钮图标，如图 8-10 所示。这样有助于用户识别当前使用的输入法。

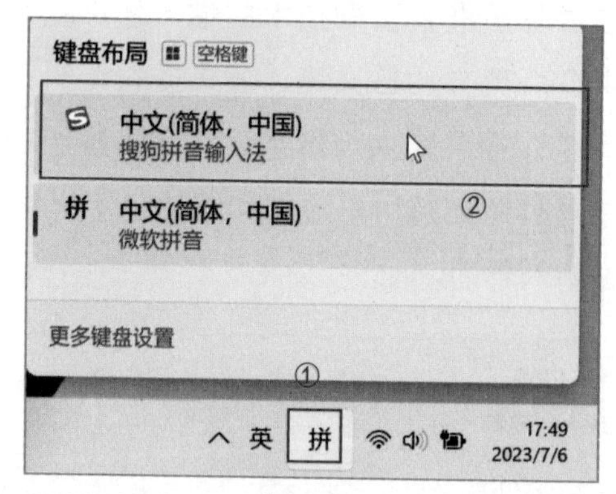

图 8-9

图 8-10

实用贴士

Windows11 中切换输入法的快捷键是【Windows+ 空格】组合键，中英文快速切换的快捷键是【Shift】键或【Ctrl+ 空格】组合键，中英文标点快速切换的快捷键是【Ctrl+。】组合键。

8.2.3 输入法状态条

不同输入法的状态条也会有所差别，但绝大多数输入法状态条中的布局和功能是一样的。以搜狗拼音输入法为例，其输入法状态条中各种常用按钮从左到右依次是【菜单】按钮、【中 / 英文】按钮、【中 / 英文标点】按钮、【语音】按钮、【输入方式】按钮、【皮肤中心】按钮、【智能输入助手】按钮、【智写】按钮，如图 8–11 所示。

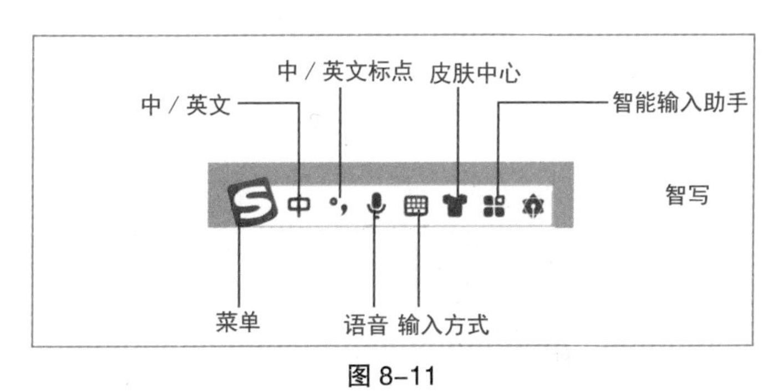

图 8–11

右击【菜单】将打开汉字输入法的设置菜单，通过该菜单可以设置当前输入法的一些功能和属性，如图 8–12 所示。

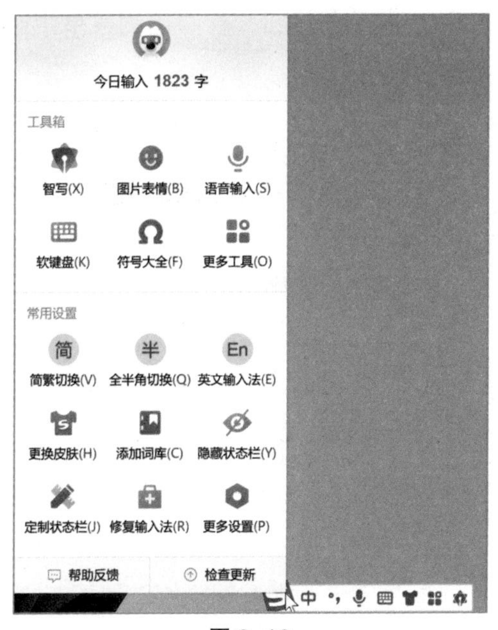

图 8–12

8.2.4 添加和删除输入法

如果电脑中安装了某个输入法，但是一时用不上，可以先将其删除，等需要使用时可再将其添加到输入法列表中。

1.添加输入法

在 Windows 11 中，默认情况下输入法列表中只显示微软拼音输入法，将其他输入法添加到输入法列表的具体操作步骤如下：

1 单击语言栏【拼】图标，在弹出的菜单中选择【更多键盘设置】选项，如图8–13所示。

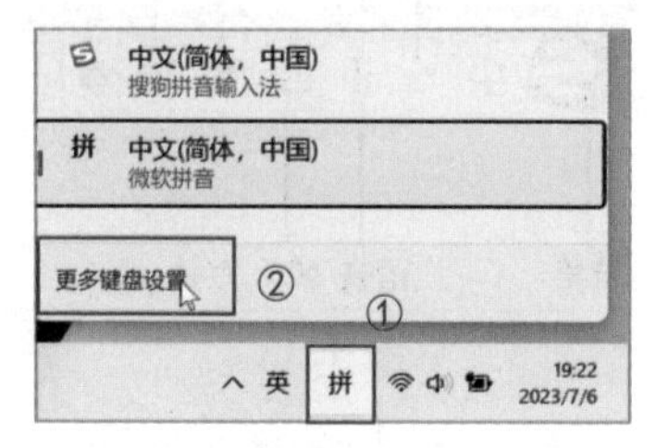

图 8–13

2 弹出【时间和语言>语言和区域】界面，在【语言】列表中单击【中文(简体，中国)】右侧的【…】按钮，在弹出的菜单中选择【语言选项】选项，如图8–14所示。

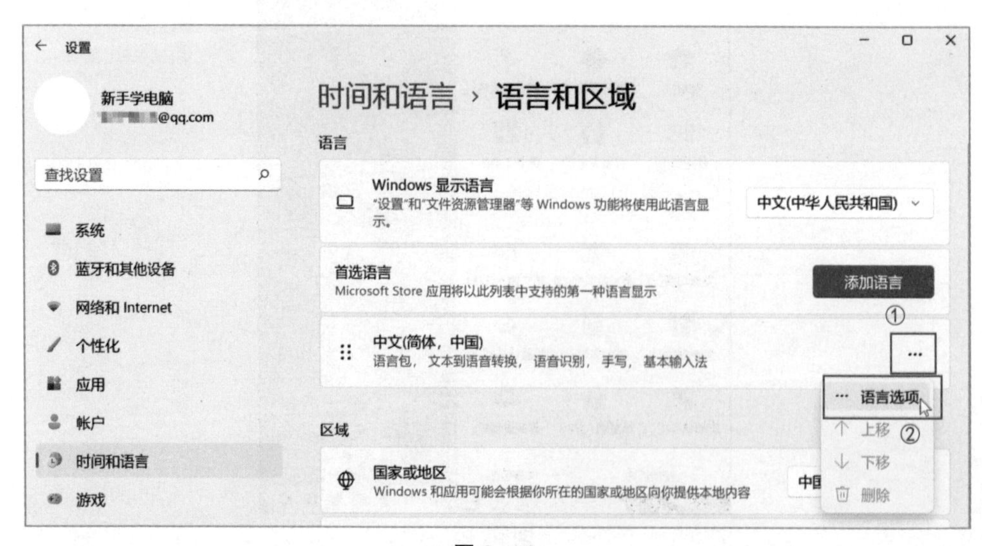

图 8–14

3 弹出【时间和语言>语言和区域>选项】界面，在【键盘】列表中单击【添加键盘】，如图8-15所示。

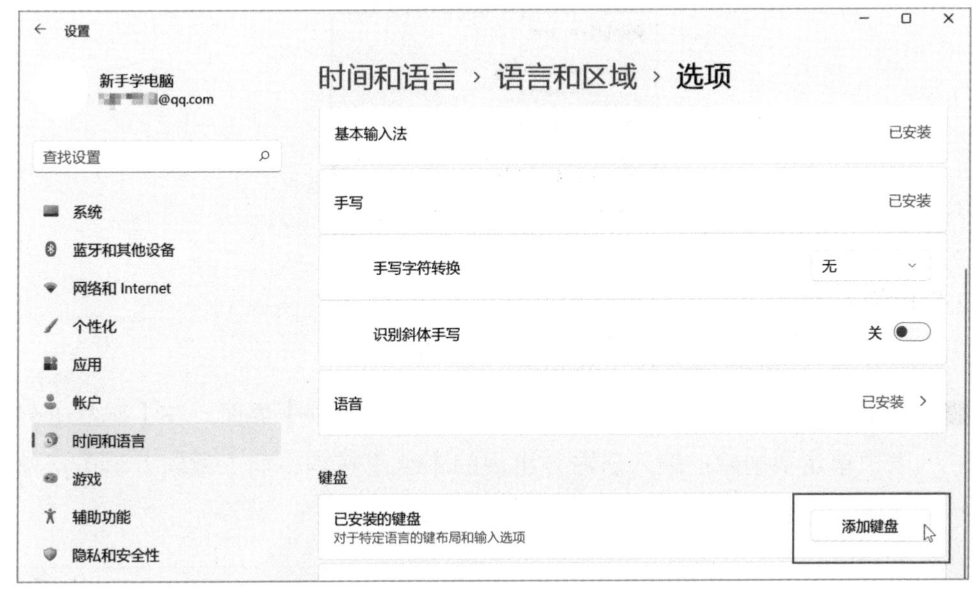

图 8-15

4 在弹出的下拉菜单中选择需要添加的输入法，如【微软五笔】，如图8-16所示。

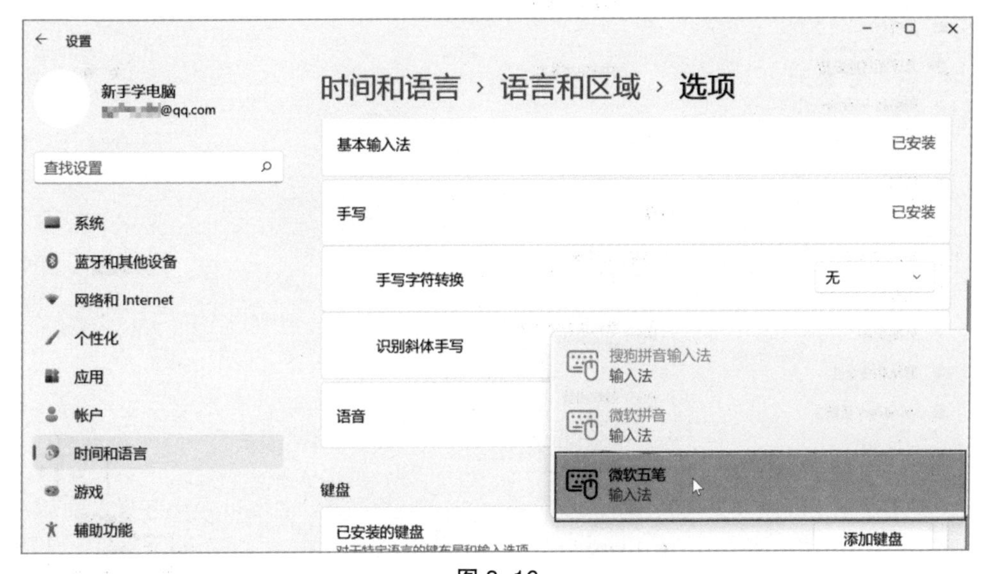

图 8-16

5 操作完成后，即可在【键盘布局】列表中看到微软五笔输入法，如图8–17所示。

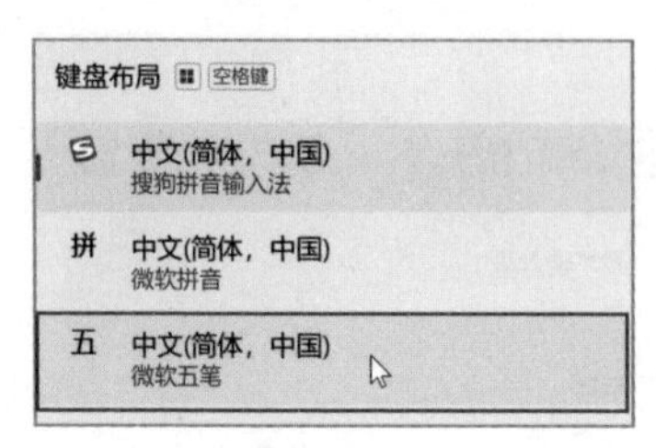

图 8–17

2.删除输入法

删除输入法的具体操作步骤如下：

1 如上操作，打开【时间和语言>语言和区域>选项】界面，在【键盘】列表中单击要删除的输入法右方出现的【 ··· 】按钮，如【微软五笔】，单击下方出现的【删除】按钮，如图8–18所示。

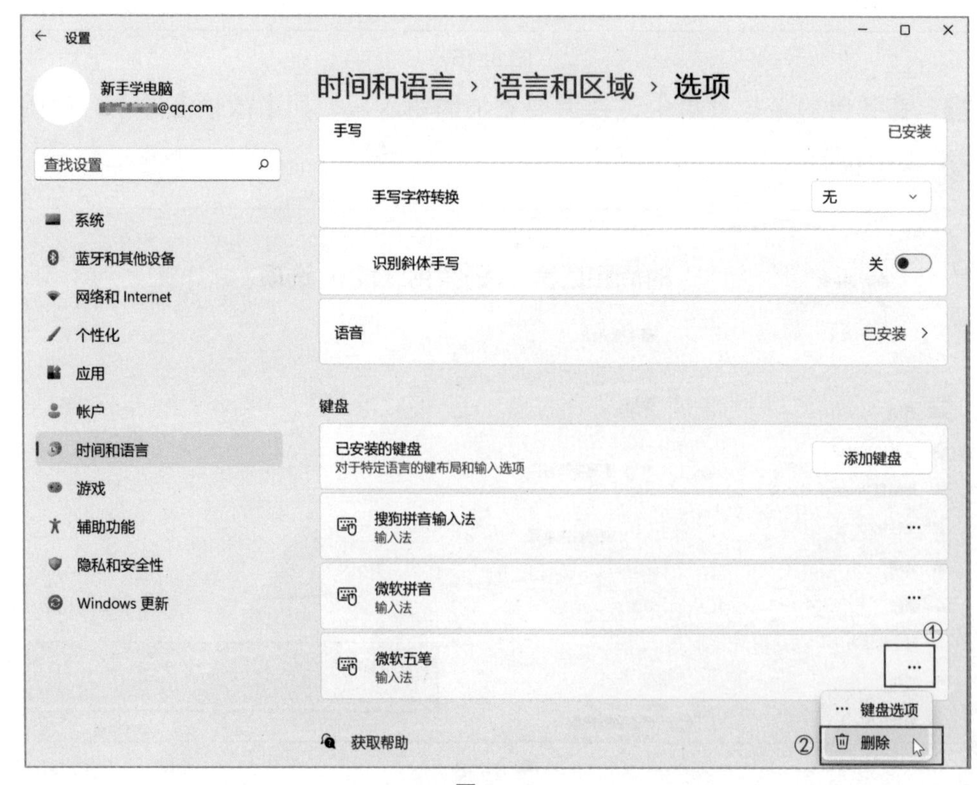

图 8–18

2 操作完成后，即可将该输入法从【键盘布局】列表中删除，如图8-19所示。

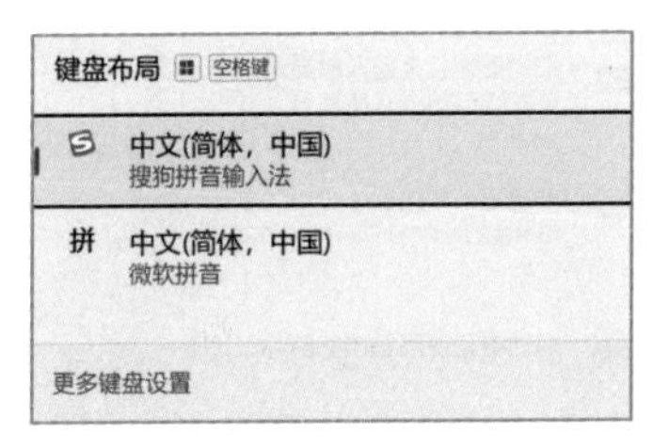

图 8-19

删除的输入法只是不在输入法列表中出现，但仍存在于 Windows 11 操作系统中，在需要时还可用添加输入法的方法将其重新添加到语言栏中。

8.2.5 设置默认输入法

对于最常用的输入法，如搜狗拼音输入法，可以将其设置为默认输入法，具体操作步骤如下：

1 按【Windows+I】组合键，打开【设置】面板，选择【时间和语言】→【输入】，如图8-20所示。

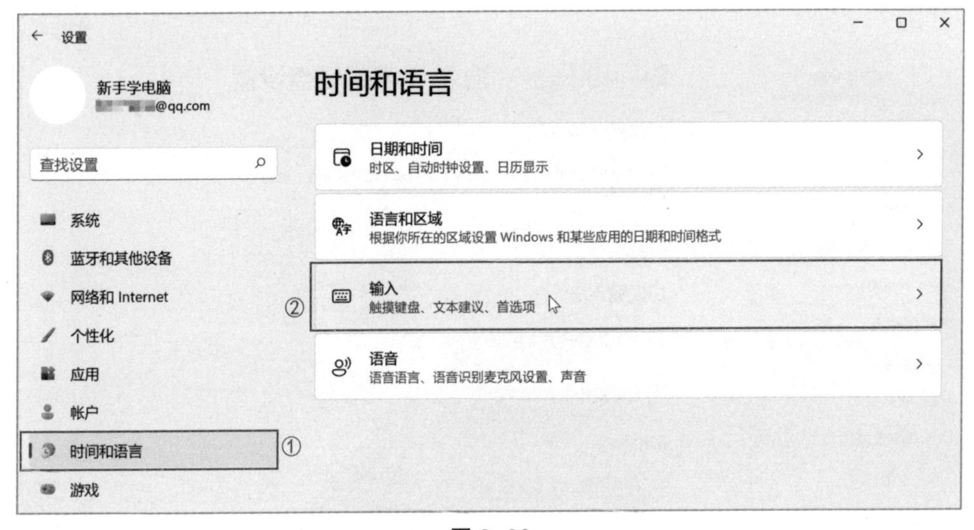

图 8-20

2 在默认打开的【输入】选项卡下，单击【高级键盘设置】按钮，如图8-21所示。

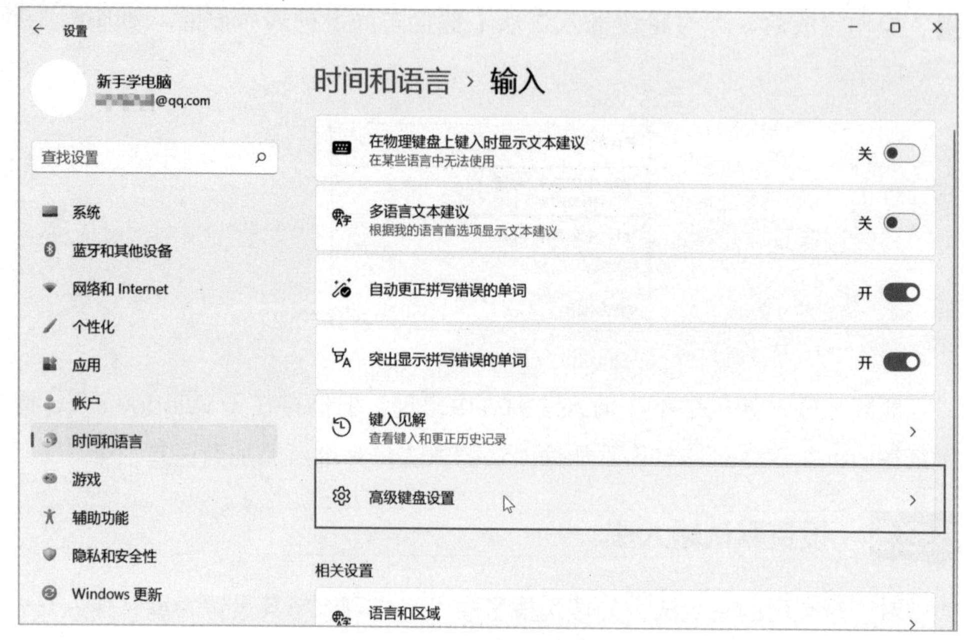

图 8-21

3 弹出【高级键盘设置】窗口，单击【替代默认输入法】下方的下拉按钮，如图8-22所示。

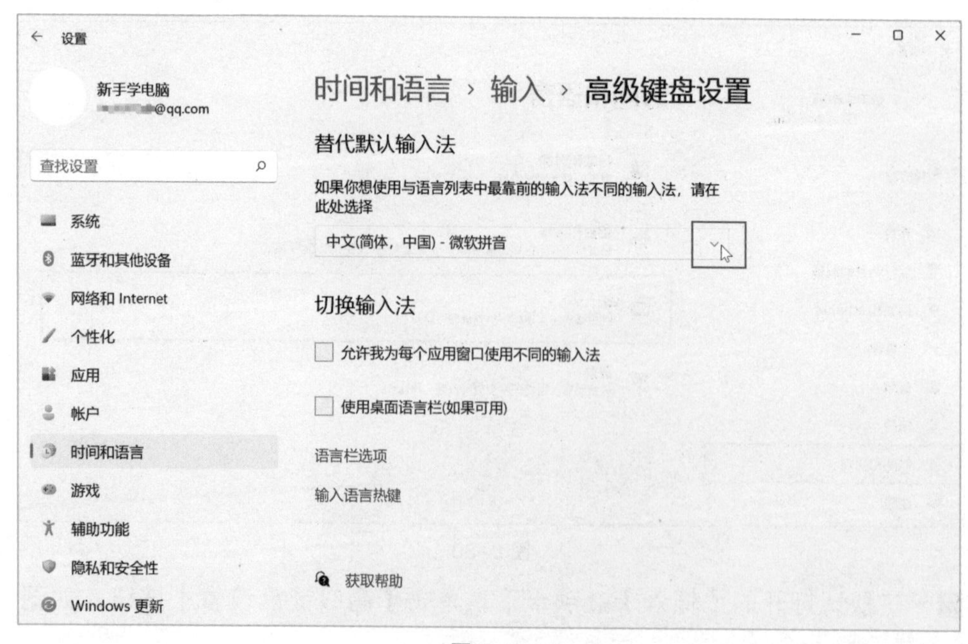

图 8-22

4 在下拉菜单中选择要设置的输入法，如【微软拼音】，如图8-23所示。

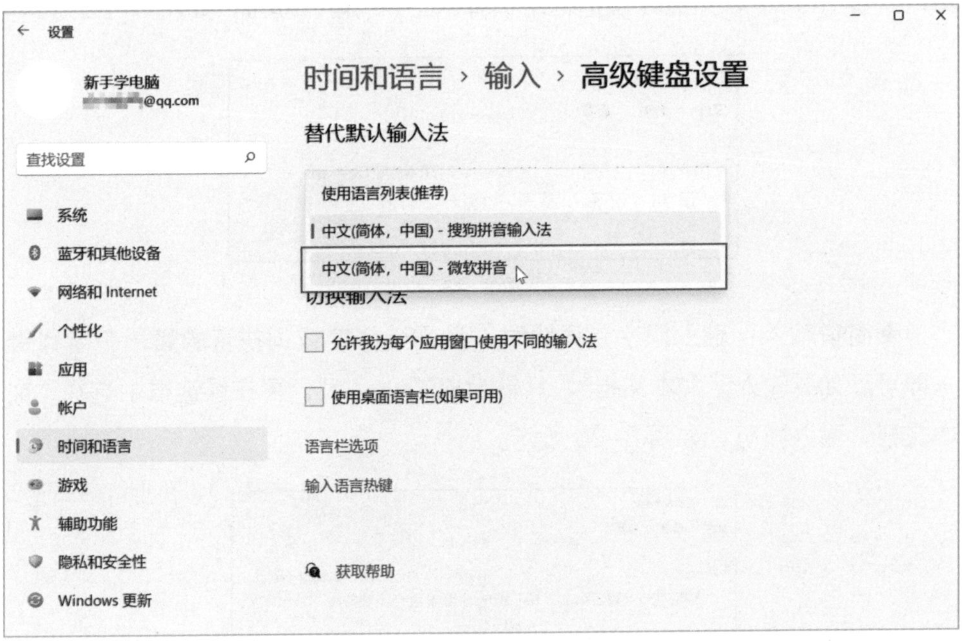

图 8-23

5 操作完成后，【微软拼音】就被设置成默认输入法，如图8-24所示。

图 8-24

8.3 拼音输入法

拼音输入法是常见的输入法之一，按照拼音规则来进行汉字输入，不需要特别记忆，十分符合新学者使用习惯，大大提高了工作的效率。

8.3.1 快速输入汉字或词组

搜狗拼音输入法是一款使用较多的拼音输入法，搜狗拼音输入法与其他拼音输入法一样，也有全拼、简拼和混拼 3 种输入方式。

◆全拼输入：依次输入汉字或词组的完整拼音即可。如要输入“汉字”，输入拼音“hanzi”，然后在候选框中选择“汉字”输入即可，如图 8–25 所示。

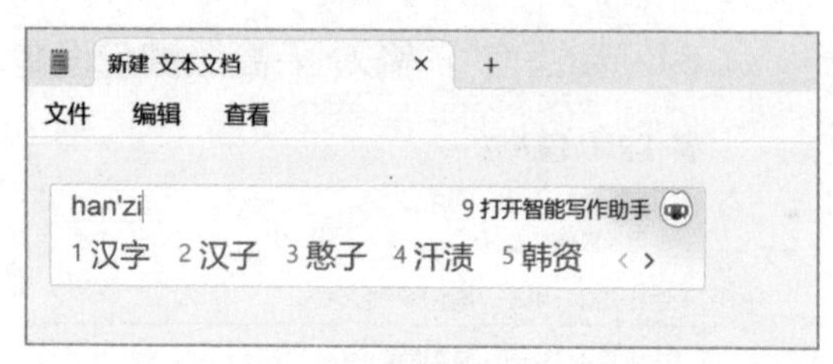

图 8–25

◆简拼输入：输入汉字或词组时，只需选择字或词拼音的第一个字母键入即可。如要输入“文本文档”，只需键入“wbwd”，再在候选框中选择“文本文档”输入即可，如图 8–26 所示。

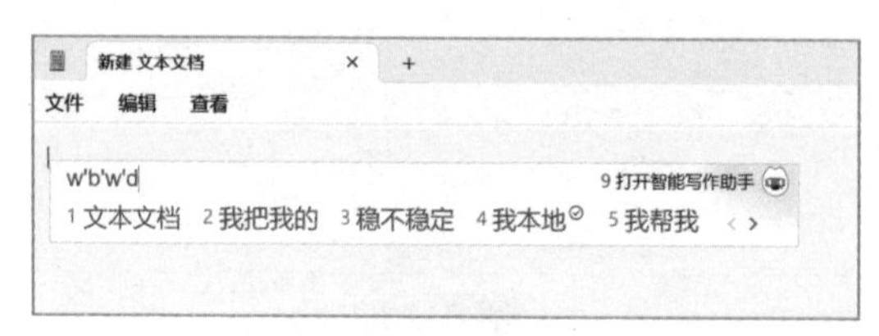

图 8–26

◆混拼输入：在输入词组或句子时常常会选择用这种方式，在输入时一部分字用全拼，另一部分字用简拼。如要输入“字母”，可键入“zim”，然后在候选框中选择“字母”输入即可，如图 8–27 所示。

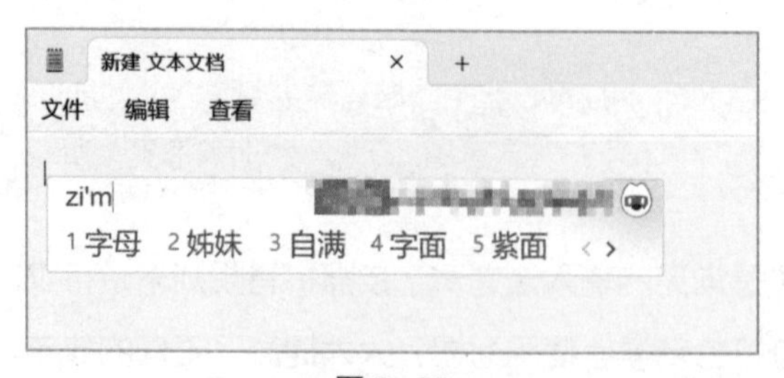

图 8–27

在进行简拼或混拼输入字或词组时，对于含有复合声母如 zh、ch、sh 的音节，也可输入第一个或前两个字母。如要输入“你是谁”，用户可以输入“niss”“nssh”“nshsh”等。

8.3.2 快速输入英文字母

使用搜狗拼音输入法时，不用切换英文输入状态也可输入英文字母，只需在中文输入状态下，直接依次输入所需的英文字母，输入完成后按【Enter】键，即可快速输入相应的英文字母。如要输入“corner”这个单词，只需输入“corner”，如图 8–28 所示，然后按下【Enter】键即可。

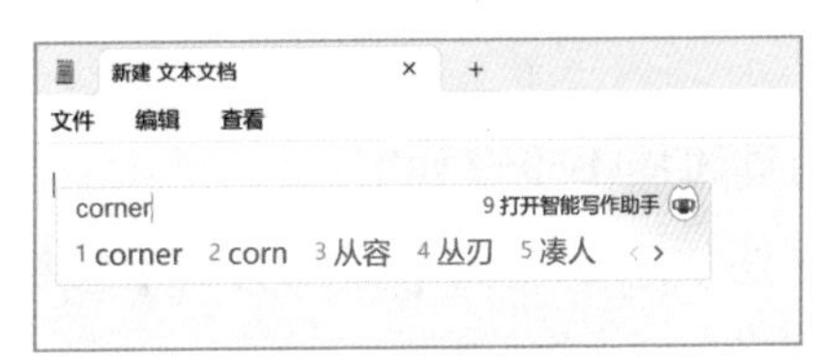

图 8–28

8.3.3 快速输入中文数字

在输入中文数字时，除了键入其对应的拼音进行输入外，还有一种更简单、快速的方法。在使用搜狗拼音输入法时，先输入前导符“v”，进入V模式，再在其后输入中文数字对应的阿拉伯数字即可。如要输入“肆拾贰”，只需要输入“v42”，其候选框中将出现对应的小写中文数字和大写中文数字，如图 8–29 所示。

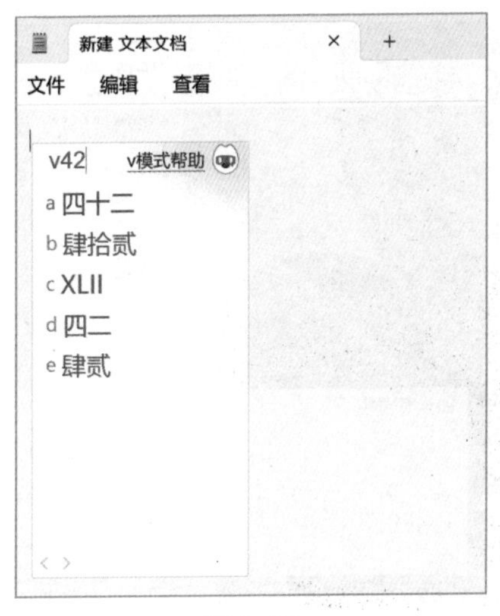

图 8–29

如选择大写中文数字，根据需要进行选择即可。“肆拾贰”的编号为“b”，按下键盘上的【B】键便可输入“肆拾贰”。

8.3.4 输入特殊字符

使用搜狗拼音输入法时，一些特殊字符在键盘上没有分布，不能通过键盘直接输入，可以通过软键盘和菜单两种方法进行输入，下面以输入数学符号【√】为例。

通过软键盘输入的具体操作步骤如下：

1 单击搜狗拼音输入法状态条上的【输入方式】按钮，在弹出的菜单中单击【软键盘】按钮，如图8-30所示。

图 8-30

2 弹出【搜狗软键盘】，单击右上角【⌨】，在弹出的菜单中选择【数学符号】选项，如图8-31所示。

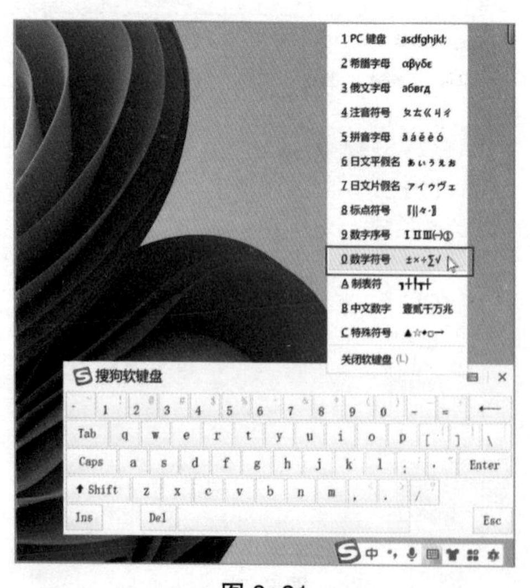

图 8-31

3 【搜狗软键盘】会切换到相应的数学符号键盘，单击【√】键即可输入该符号，如图8-32所示。

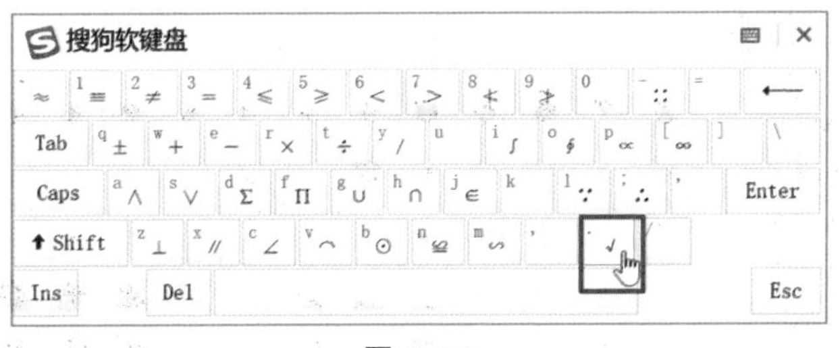

图 8-32

通过菜单输入的具体操作步骤如下：

1 单击输入法状态条上的【菜单】按钮，在弹出的菜单中选择【符号大全】选项，如图8-33所示。

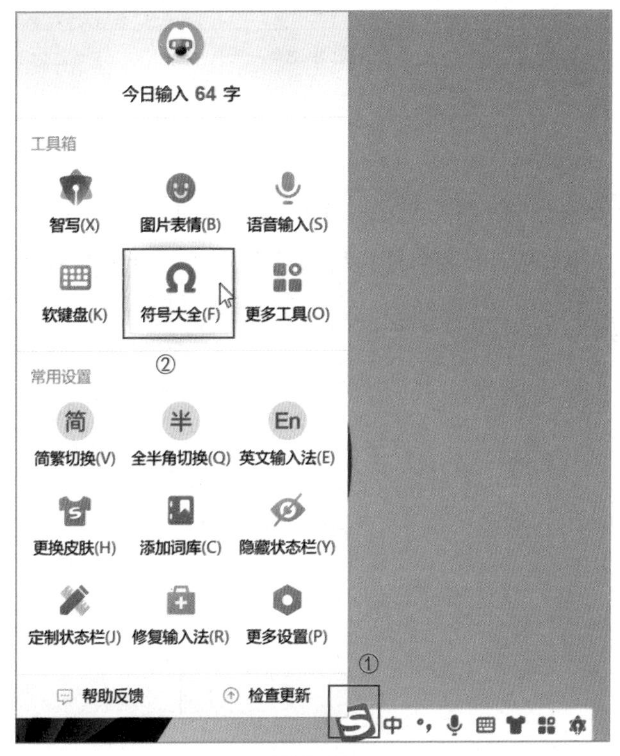

图 8-33

2 弹出【符号大全】界面，单击【特殊符号】选项，单击【√】键即可输入该符号，如图8-34所示。

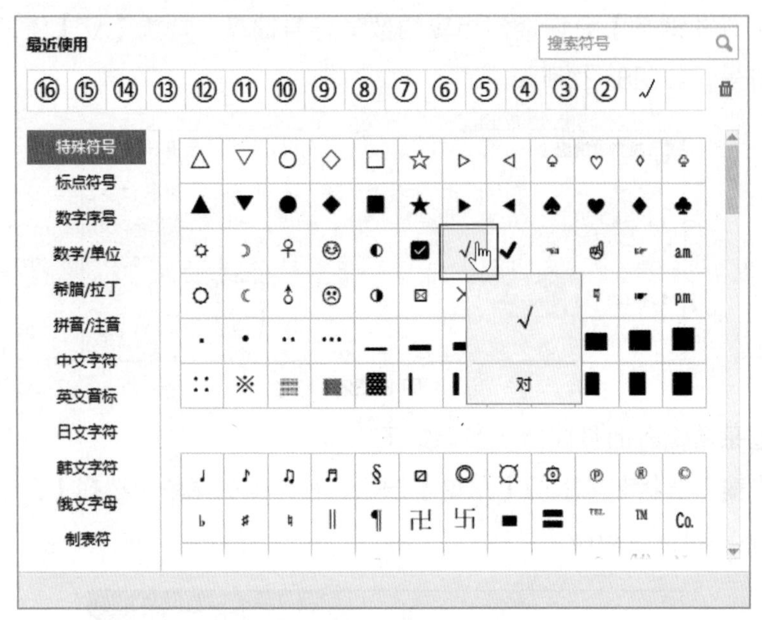

图 8–34

实用贴士

使用搜狗输入法可以通过启动 U 模式来输入生僻字，启动 U 模式十分简单，只要在搜狗输入法状态下，输入字母 U 即可。

Chapter

09

第 9 章

电脑系统安全与优化

当用户在使用电脑的时候，要保证电脑的长期稳定运行，就必须对电脑进行定期的维护和杀毒。为了解决电脑在运行过程中所遇到的各种问题，用户需要掌握一些电脑维护的相关知识。本章介绍电脑系统安全与优化的知识。

学习要点：★掌握Windows更新的方法

★掌握查杀病毒的方法

★掌握电脑日常维护的方法

★掌握电脑优化的方法

9.1 系统安全与防护

在信息化社会中，电脑系统安全问题是一个重要问题，用户不能掉以轻心。下面介绍使用 Windows 更新和防护的知识。

9.1.1 使用Windows更新和防护

Windows 操作系统提供了一个内置的工具，称为 Windows 更新，用于检测和安装系统的最新版本、修补程序和安全更新。通过 Windows 更新，用户可以确保其操作系统始终是最新的，以获取最新的功能改进、漏洞修复和安全增强。

使用 Windows 更新具体操作步骤如下：

1 按【Windows+I】组合键，打开【设置】面板，选择【Windows更新】选项卡，在右侧面板单击【检查更新】按钮，如图9-1所示。

图 9-1

2 此时系统会下载更新，并显示更新进度，如图9-2所示。

图 9-2

3 安装完成后，点击【立即重新启动】，电脑就会进入重启状态，如图9-3所示。

图 9-3

4 系统更新完成后，再次打开【Windows更新】界面，在其中可以看到“你使用的是最新版本”的提示信息，如图9-4所示。在此页面中，还可以查看近期的更新历史记录，选择【更新历史记录】选项。

图 9-4

5 弹出【更新历史记录】界面，包含【质量更新】、【驱动程序更新】、【定义更新】、【其他更新】，这些就是近期的更新历史记录，如图9-5所示。

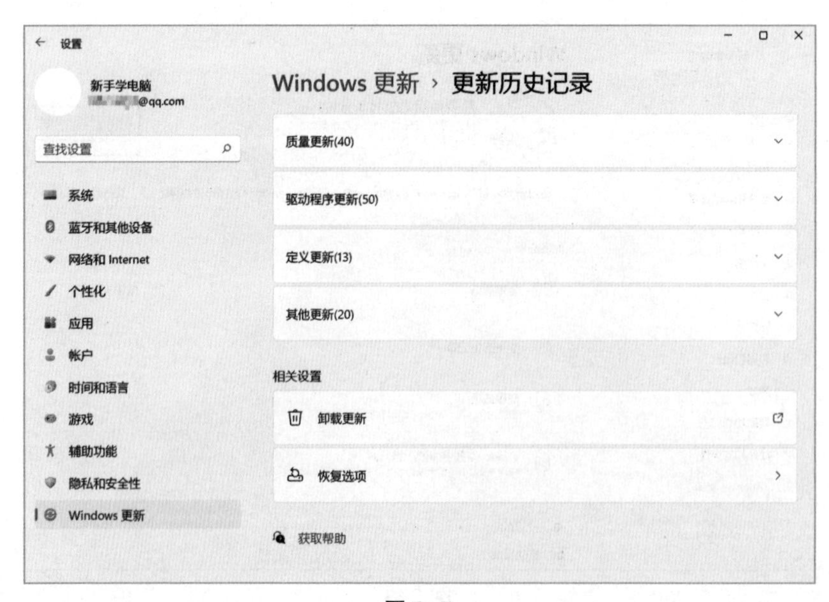

图 9-5

9.1.2 使用杀毒软件

腾讯电脑管家是国内比较常用的一款杀毒软件，用户可以从互联网上下载免费的安装程序进行安装。安装了腾讯电脑管家之后，可以先为电脑进行全面体检，从而发现电脑中潜藏的病毒及漏洞等。

1.安全扫描

安全扫描的具体操作步骤如下：

1 双击桌面的腾讯【电脑管家】图标，打开该软件，如图9-6所示。

图 9-6

2 打开程序主界面，单击【安全扫描】按钮，如图9-7所示。

图 9-7

3 程序开始进行扫描，并将信息显示在扫描状态栏中，如图9-8所示。

图 9-8

4 扫描完毕后显示扫描结果，若有问题，则单击【立即处理】按钮进行处理，如图9-9所示。

图 9-9

5 处理完成后，点击【完成】，关闭对话框即可，如图9-10所示。

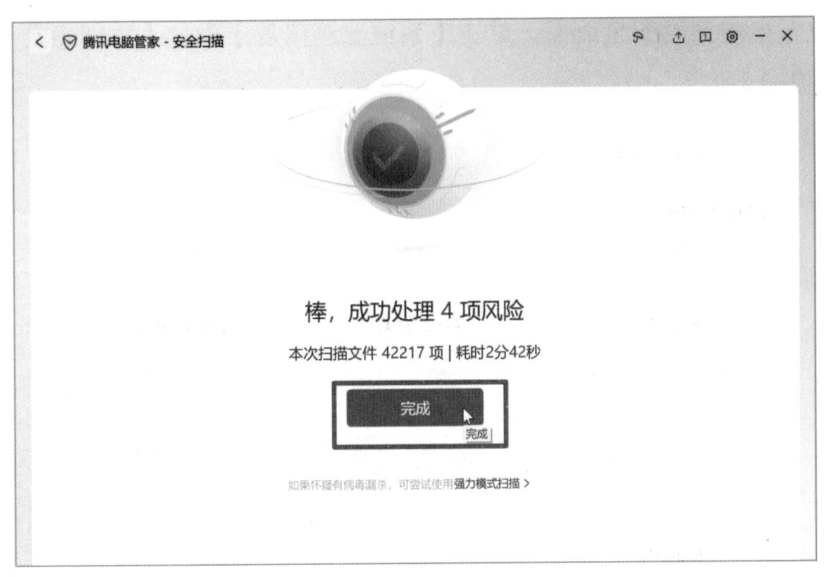

图 9-10

2.修复漏洞

操作系统中可能存在很多系统漏洞，会被病毒或黑客所利用。用户应该及时修复漏洞，建立完整的防御体系，保护电脑的安全，具体操作步骤如下：

1 启动腾讯电脑管家程序，点击【深度安全】，如图9-11所示。

图 9-11

2 进入电脑深度安全页面，单击【系统漏洞修复】中的【立即修复】，如图9-12所示。

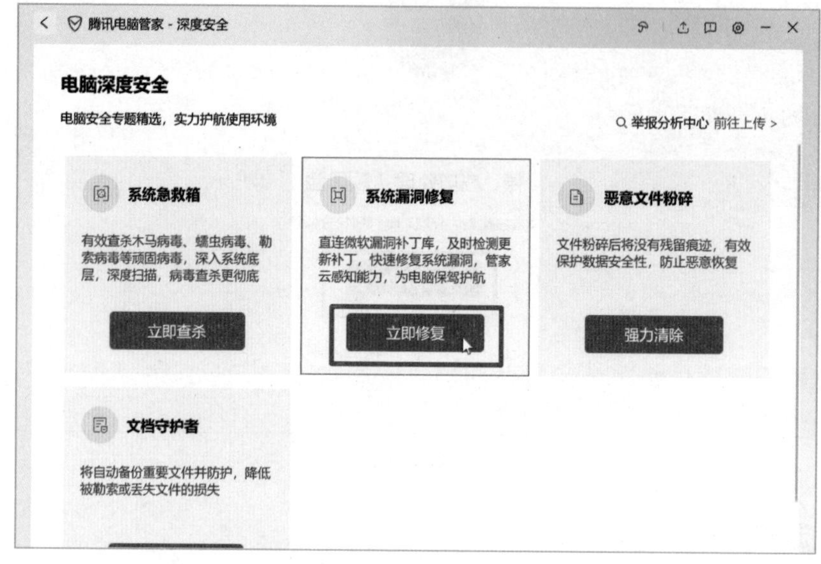

图 9-12

3 进入【漏洞修复】界面，开始扫描系统漏洞，并显示扫描进度，如图9-13所示。

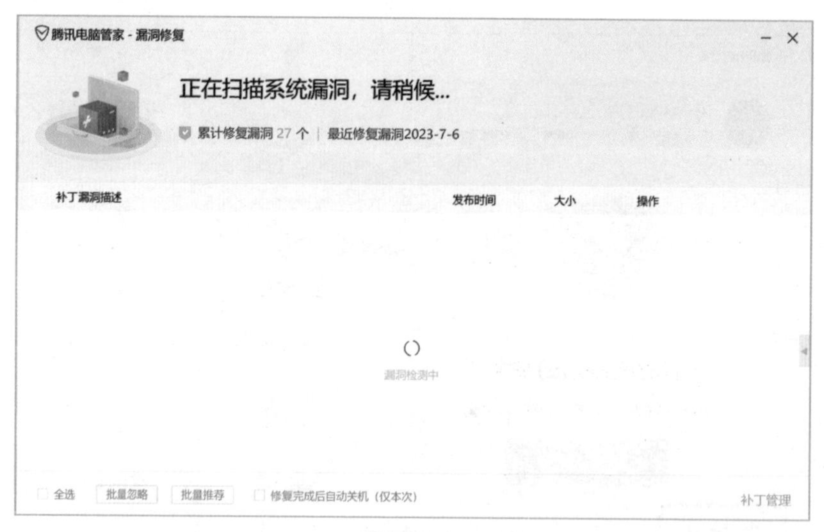

图 9-13

4 扫描结束后显示扫描结果，这里显示“恭喜，暂未发现高危漏洞”，说

明电脑很安全，没有漏洞，如图9–14所示。如果发现潜在危险项，单击【一键修复】按钮进行修复即可。

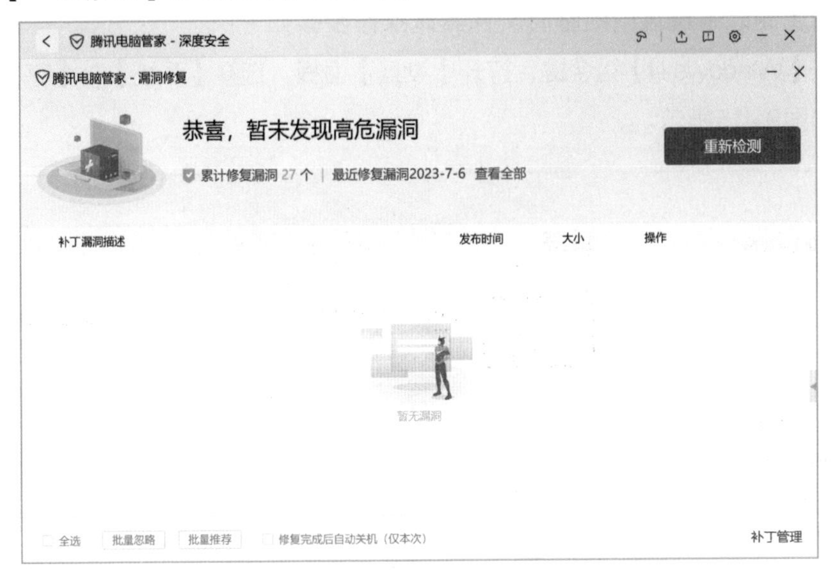

图 9–14

实用贴士

现今，人们对电脑的使用越来越频繁，而长期使用可能会让电脑隐藏许多病毒程序。为了保护电脑的安全，应该定期对电脑进行杀毒。以 360 杀毒软件为例，打开 360 杀毒程序，单击主界面右上角的【设置】按钮，打开【360 杀毒 – 设置】对话框，单击【病毒扫描设置】选项卡，在【定时查毒】栏中，勾选【启用定时查毒】复选框，并根据需要对【扫描类型】和扫描时间进行相关设置，最后单击【确定】按钮即可。

9.2 磁盘的维护与管理

硬盘在使用过程中，往往会出现各种问题，因此，在日常生活中应注重对硬盘的管理，使其发挥更大的作用。

9.2.1 彻底删除系统盘中的临时文件

彻底删除系统盘中的临时文件具体操作步骤如下：

1 按【Windows+I】组合键，打开【设置】面板，选择【系统】→【存储】，如图9-15所示。

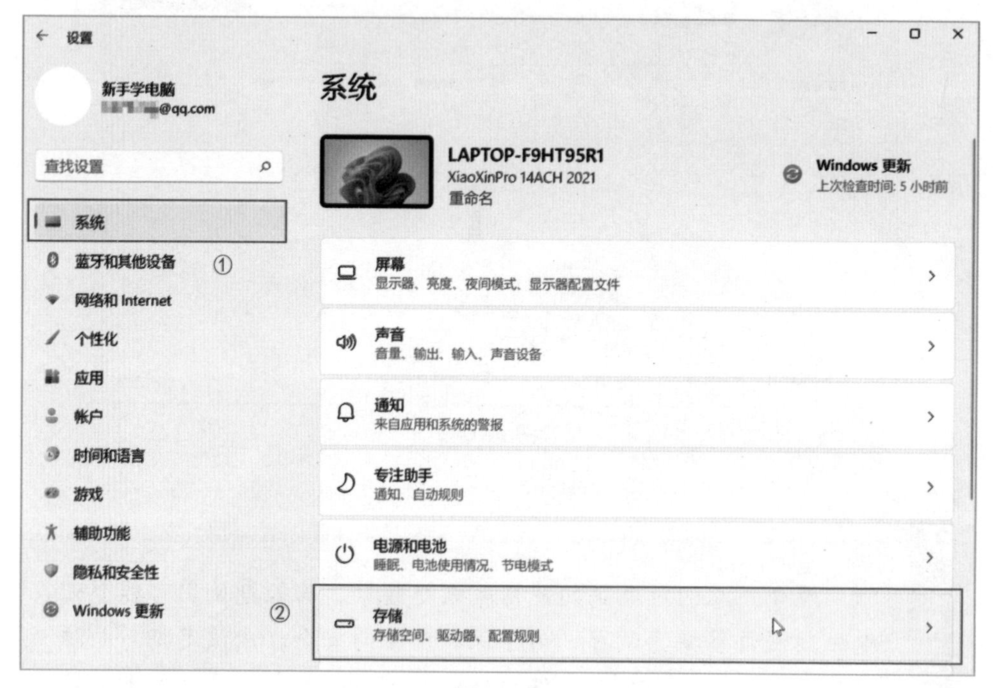

图 9-15

2 进入【存储】界面，单击【临时文件】选项，如图9-16所示。

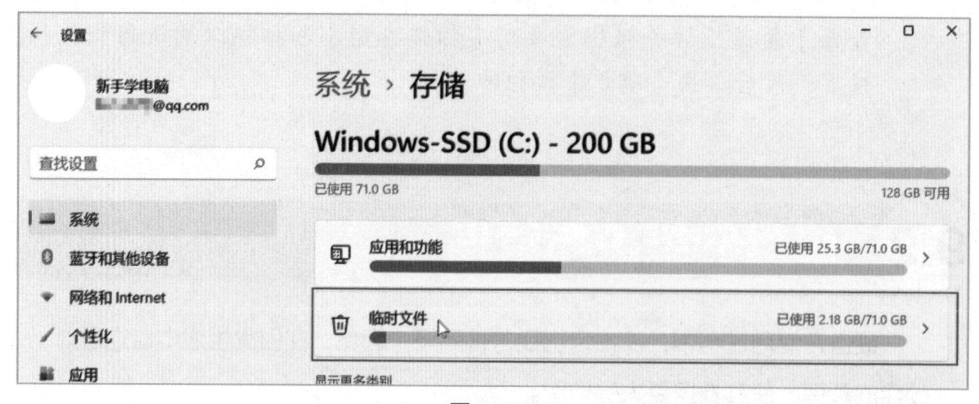

图 9-16

3 进入【临时文件】页面，在下方用户可自行勾选要删除的临时文件复选框，单击【删除文件】按钮，如图9-17所示。

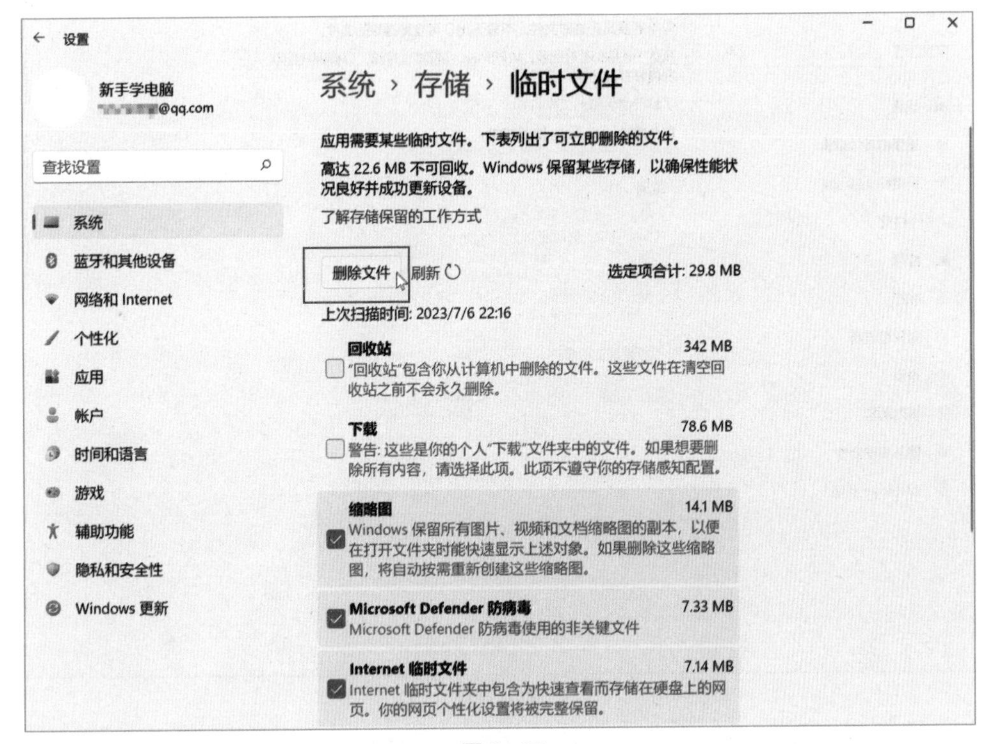

图 9-17

4 在弹出的提示框中单击【继续】按钮，如图9-18所示。

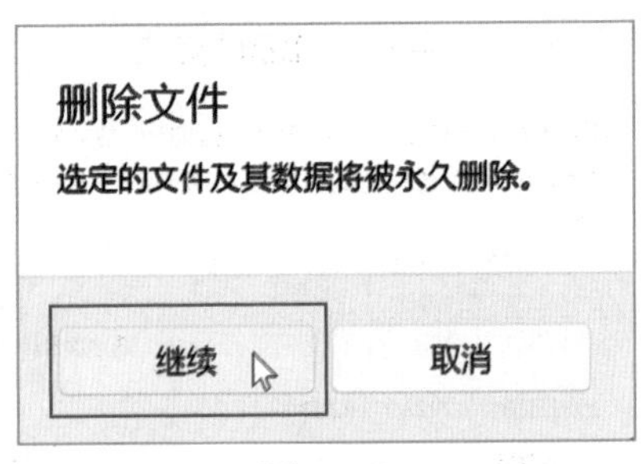

图 9-18

5 系统开始自动清理磁盘中不需要的文件，并显示清理的进度，如图9-19所示。

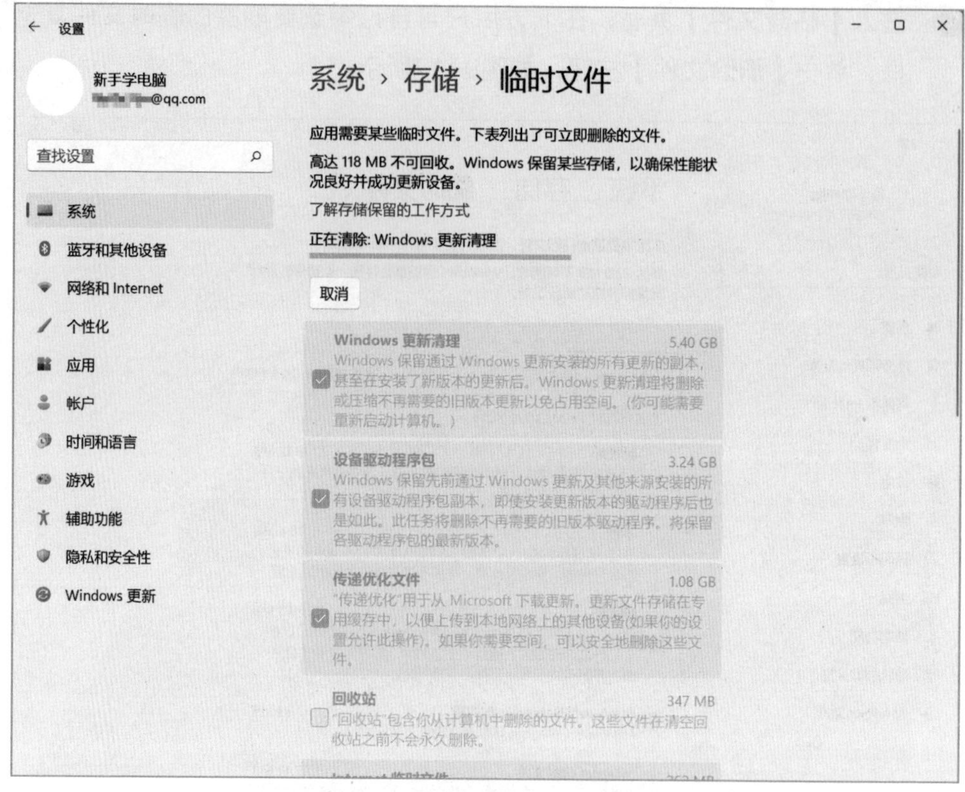

图 9-19

6 清理完毕后，系统会提示已完成临时文件清理，如图9-20所示。

设置

新手学电脑
@qq.com

查找设置

系统
蓝牙和其他设备
网络和 Internet
个性化
应用
帐户
时间和语言
游戏

系统 › 存储 › 临时文件

应用需要某些临时文件。下表列出了可立即删除的文件。

Windows 保留一些存储空间，以便设备获得良好性能和成功更新。

了解存储保留的工作方式

已完成临时文件清理。

删除文件 刷新 选定项合计: 0 字节

上次扫描时间: 2023/7/6 22:23

回收站 342 MB
"回收站"包含你从计算机中删除的文件。这些文件在清空回收站之前不会永久删除。

下载 78.6 MB
警告: 这些是你的个人"下载"文件夹中的文件。如果想要删除所有内容，请选择此项。此项不遵守你的存储感知配置。

Internet 临时文件 63.5 KB

图 9-20

9.2.2 开始和使用存储感知功能

用户在使用电脑的过程中，可以利用存储感知功能从电脑中删除不需要的文件或临时文件，以节省磁盘空间。

1 按【Windows+I】组合键，打开【设置】面板，选择【系统】→【存储】，如图9-21所示。

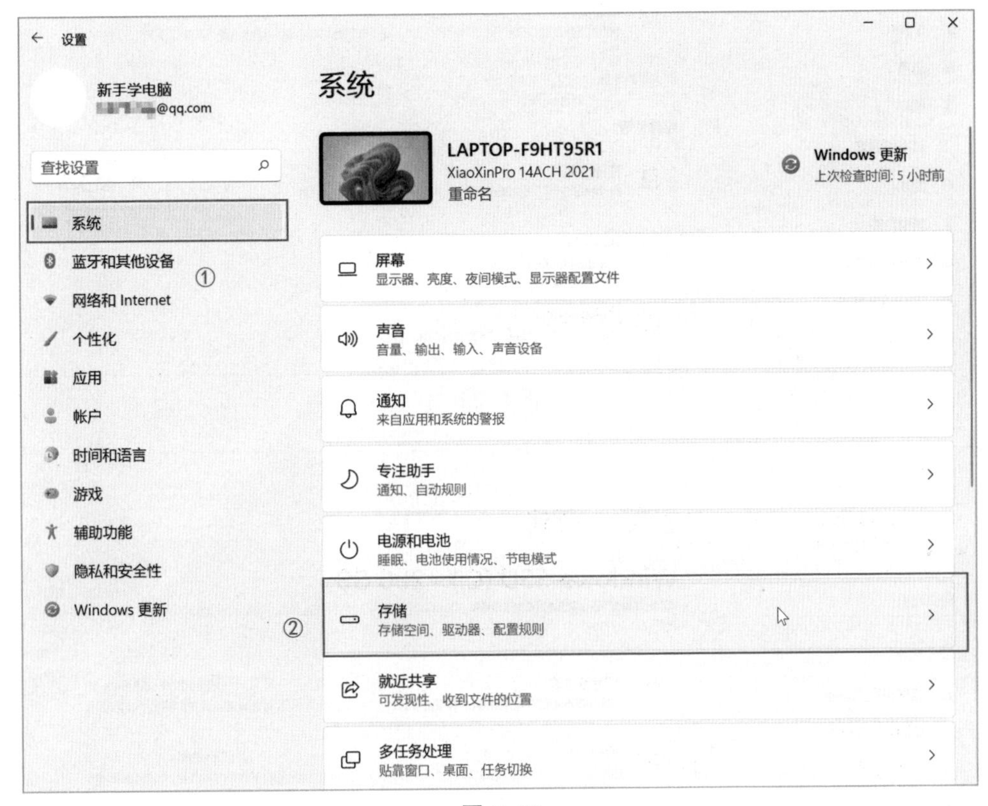

图 9-21

2 进入【存储】界面，在【存储管理】区域下，将【存储感知】开关按钮设置为“开”，即可开启该功能，如图9-22所示。

3 单击【存储感知】选项，即可进入【存储感知】界面，如图9-23所示。

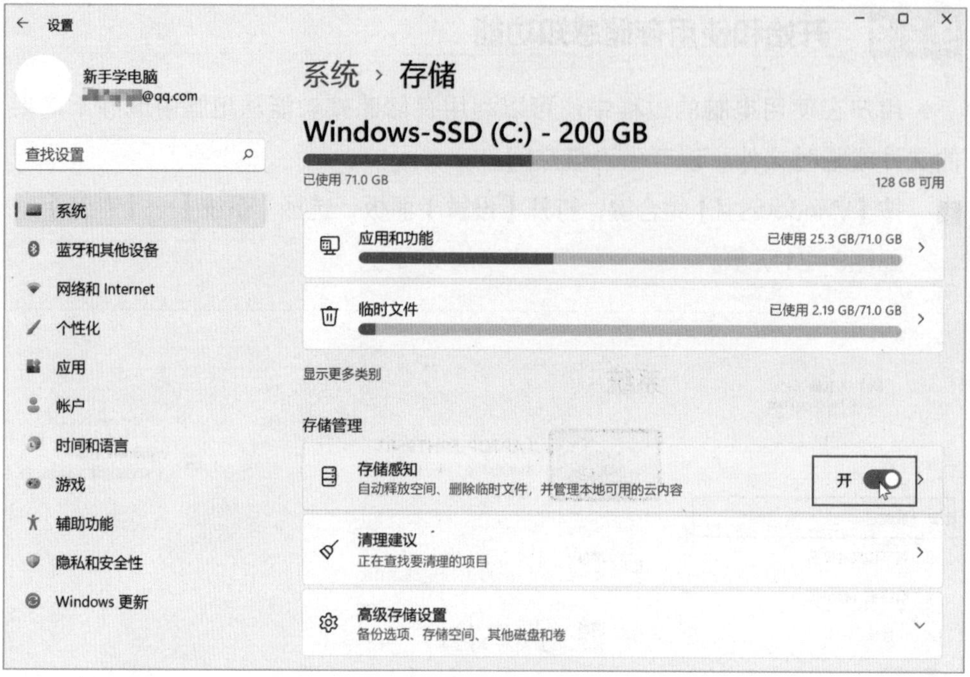

设置
新手学电脑
@qq.com
查找设置
系统
蓝牙和其他设备
网络和 Internet
个性化
应用
帐户
时间和语言
游戏
辅助功能
隐私和安全性
Windows 更新
系统 › 存储
Windows-SSD (C:) - 200 GB
已使用 71.0 GB
128 GB 可用
应用和功能
已使用 25.3 GB/71.0 GB
临时文件
已使用 2.19 GB/71.0 GB
显示更多类别
存储管理
存储感知
自动释放空间、删除临时文件，并管理本地可用的云内容
开
清理建议
正在查找要清理的项目
高级存储设置
备份选项、存储空间、其他磁盘和卷

图 9–22

设置
新手学电脑
@qq.com
查找设置
系统
蓝牙和其他设备
网络和 Internet
个性化
应用
帐户
时间和语言
游戏
辅助功能
隐私和安全性
Windows 更新
系统 › 存储
Windows-SSD (C:) - 200 GB
已使用 64.9 GB
135 GB 可用
应用和功能
已使用 25.2 GB/64.9 GB
临时文件
已使用 1.79 GB/64.9 GB
显示更多类别
存储管理
存储感知
自动释放空间、删除临时文件，并管理本地可用的云内容
开
清理建议
超过 256 MB 存储空间可用。
高级存储设置
备份选项、存储空间、其他磁盘和卷

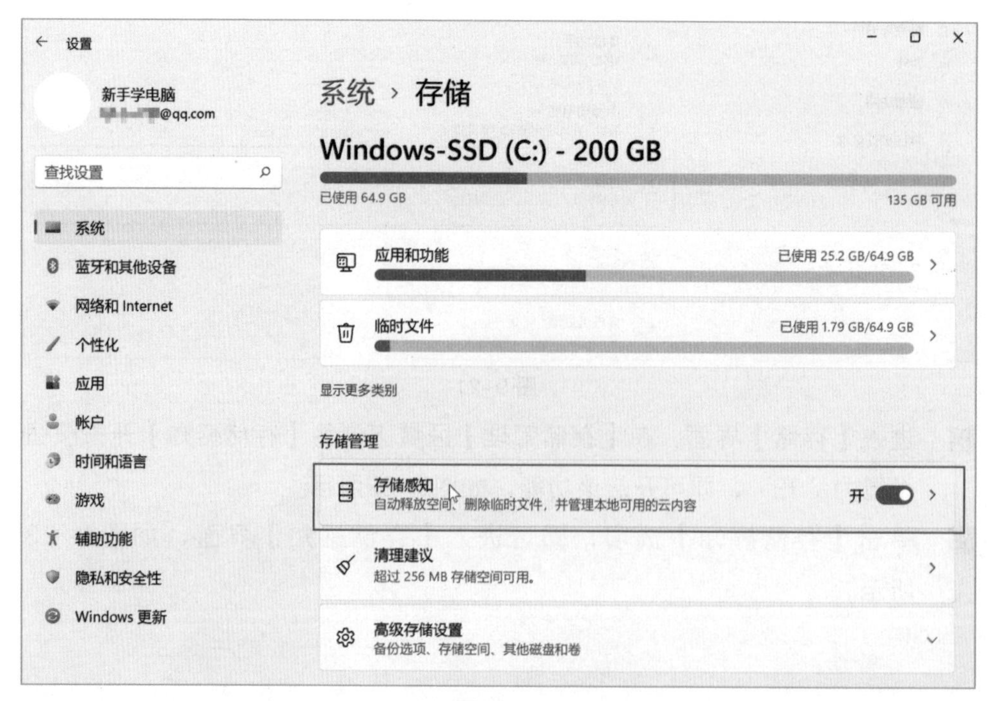

图 9–23

4 此时已进入【存储感知】界面，用户可以设置【配置清理计划】，包含【运行存储感知】、【如果回收站中的文件存在超过以下时长，请将其删除】、【如果“下载”文件夹中的文件在以下时间内未被打开，请将其删除】，如图9-24所示。

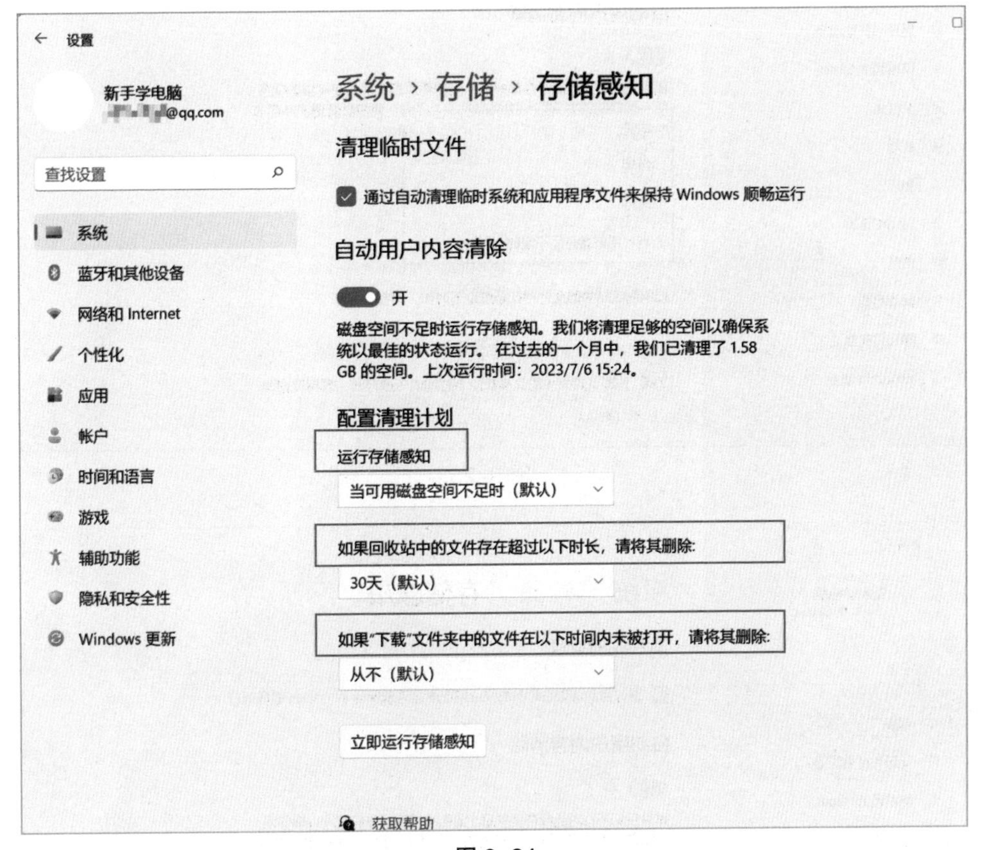

图 9-24

5 用户可以在【运行存储感知】下拉列表中选择运行存储感知的时间，包括每天、每周及每月，如图9-25所示。

6 用户可以设置长时间未使用的临时文件的删除规则，如可以设置将【回收站】文件夹中超过设定时长的文件删除，如图9-26所示。

7 设置自动删除“下载”文件夹中超过设定时长未被打开的文件，如图9-27所示。

设置
新手学电脑
@qq.com
查找设置
系统
蓝牙和其他设备
网络和 Internet
个性化
应用
帐户
时间和语言
游戏
辅助功能
隐私和安全性
Windows 更新
系统 › 存储 › 存储感知
清理临时文件
通过自动清理临时系统和应用程序文件来保持 Windows 顺畅运行
自动用户内容清除
开
磁盘空间不足时运行存储感知。我们将清理足够的空间以确保系
，我们已清理了 0 字节
每天
每周
每月
当可用磁盘空间不足时（默认）
如果回收站中的文件存在超过以下时长，请将其删除:
30天（默认）
如果"下载"文件夹中的文件在以下时间内未被打开，请将其删除:
从不（默认）

图 9–25

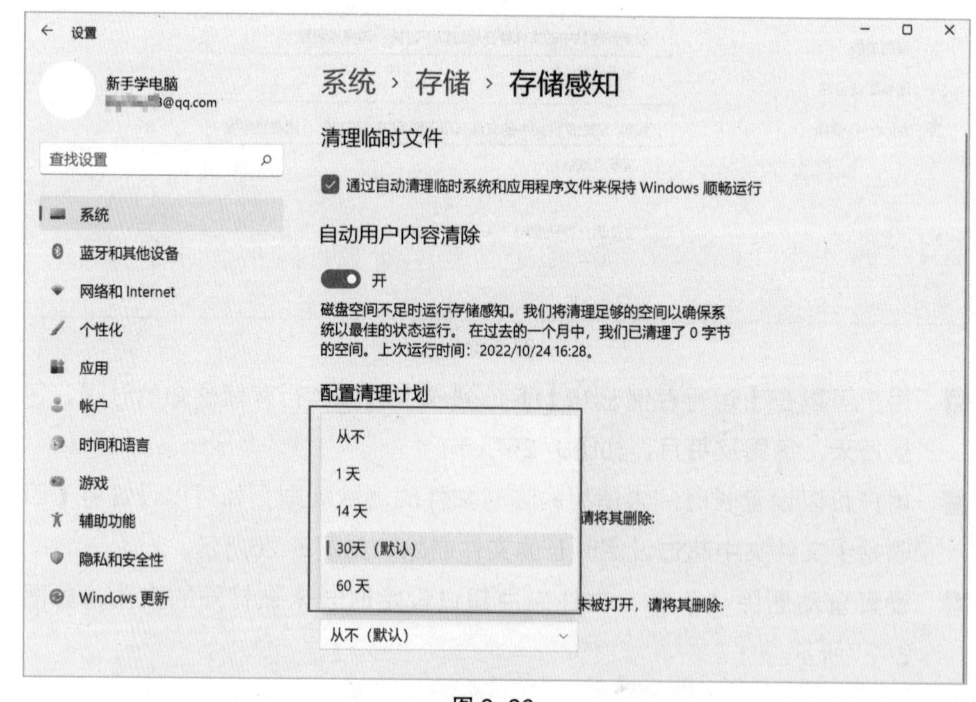

图 9–26

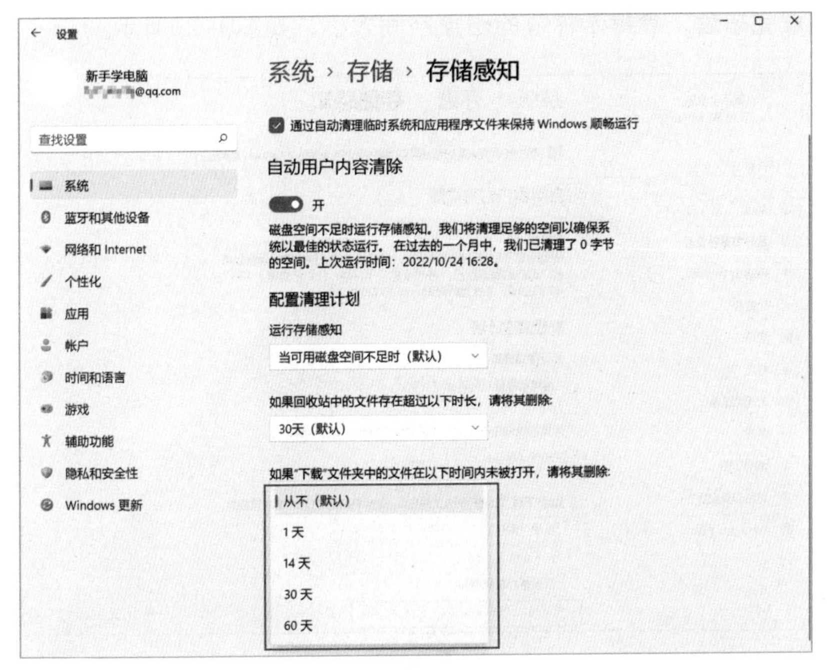

图 9-27

8 单击【立即运行存储感知】按钮，即可清除符合条件的临时文件并释放空间，如图9-28所示。

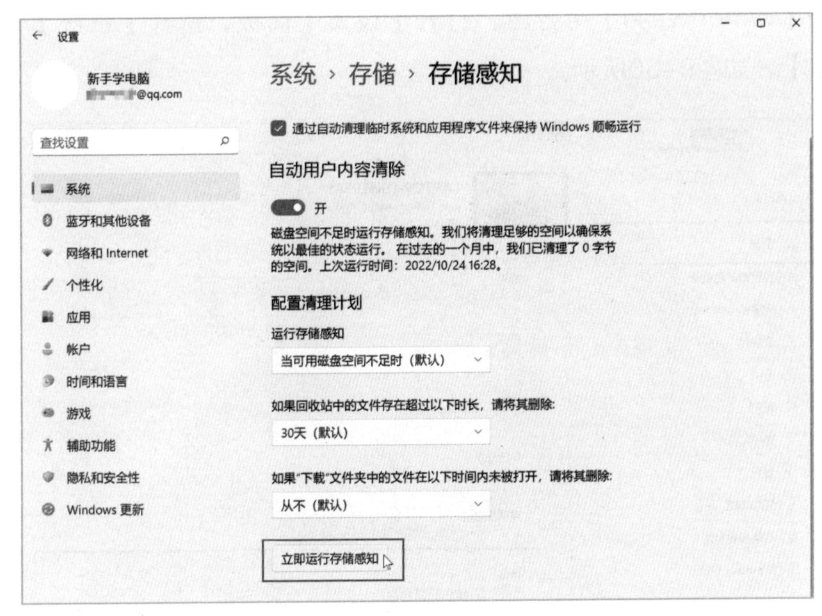

图 9-28

9 清理完毕后，会提示释放的磁盘空间大小，如图9-29所示。

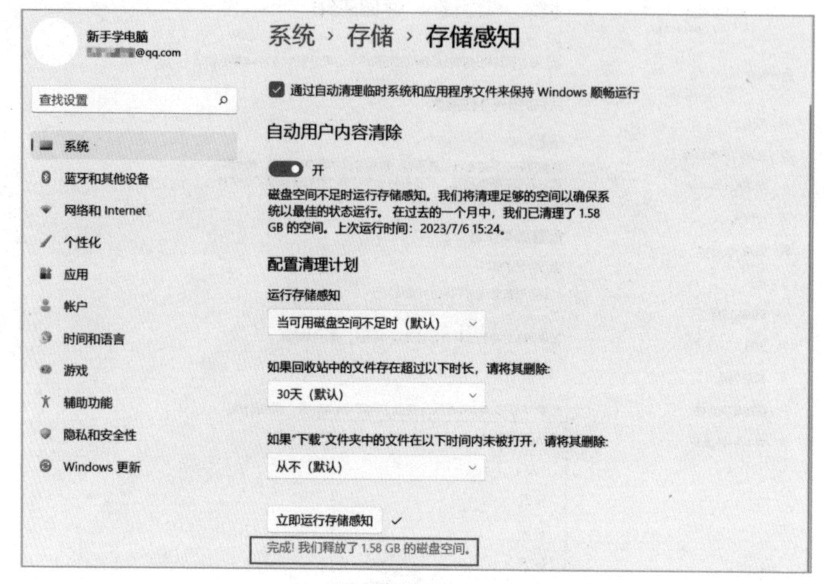

图 9-29

9.2.3 更改新内容的保存位置

在 Windows11 系统中，用户可以更改新内容的保存位置，具体操作步骤如下：

1 按【Windows+I】组合键，打开【设置】面板，选择【系统】→【存储】，如图9-30所示。

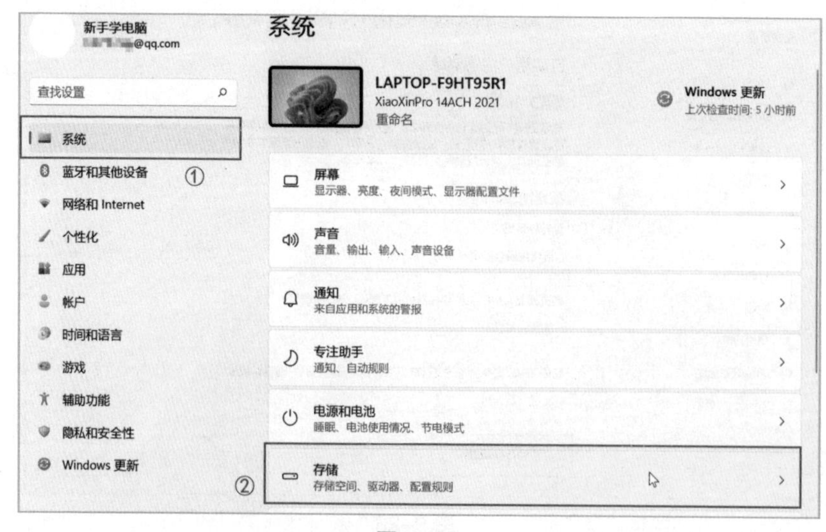

图 9-30

2 进入【存储】界面，单击【高级存储设置】右侧的【∨】按钮，在展开的选项中，单击【保存新内容的地方】选项，如图9-31所示。

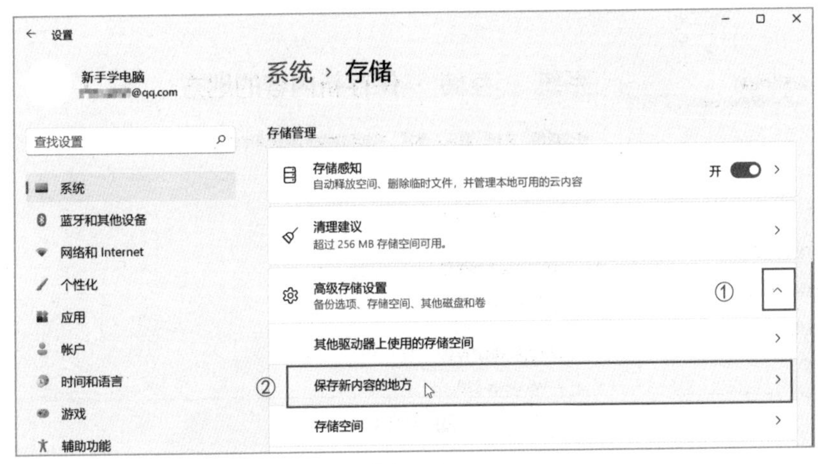

图 9-31

3 进入【保存新内容的地方】界面，即可看到应用、文档、音乐、照片和视频、电影和电视节目、离线地图的储存位置都在C盘，如图9-32所示。

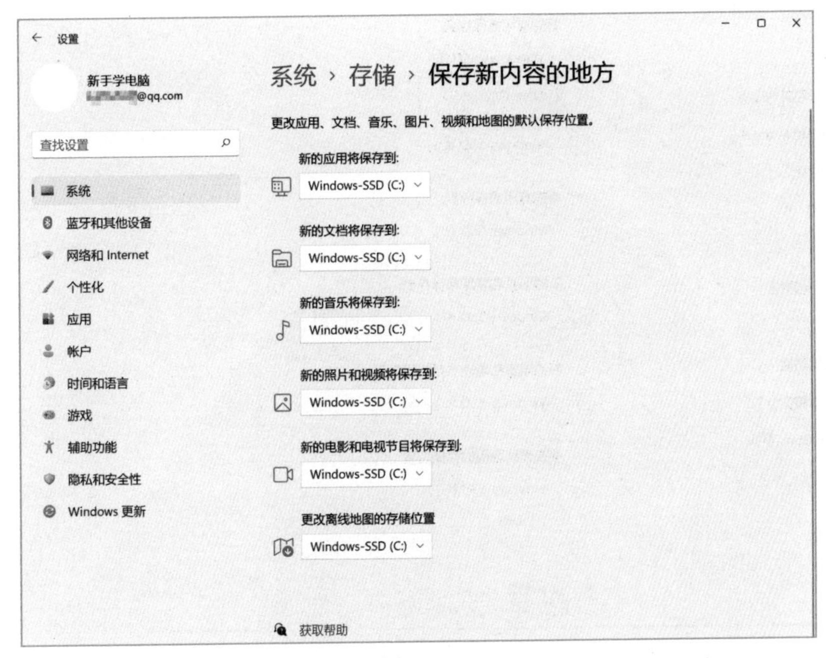

图 9-32

4 如果要更改某项目的保存位置，以【新的应用将保存到】为例，单击其下方的【∨】按钮，即可选择其他磁盘，如图9-33所示。

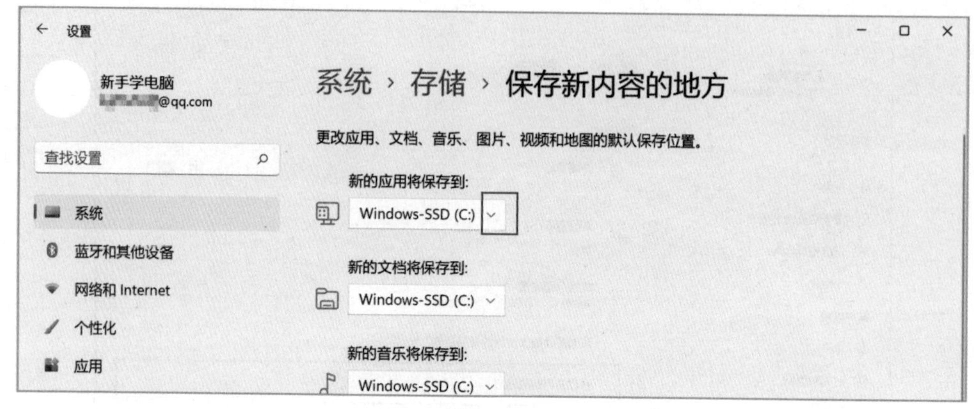

图 9-33

5 在展开的选项中，单击选择要保存的磁盘，如D盘，如图9-34所示。

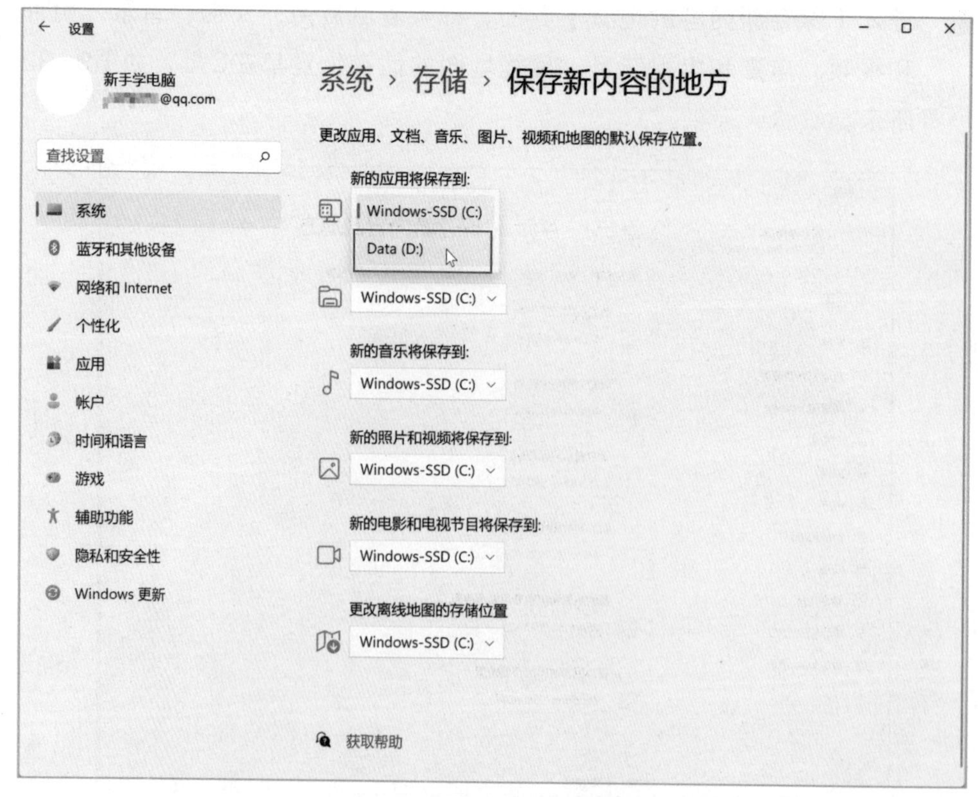

图 9-34

6 选择后单击【应用】按钮，即可应用设置的位置，如图9-35所示。

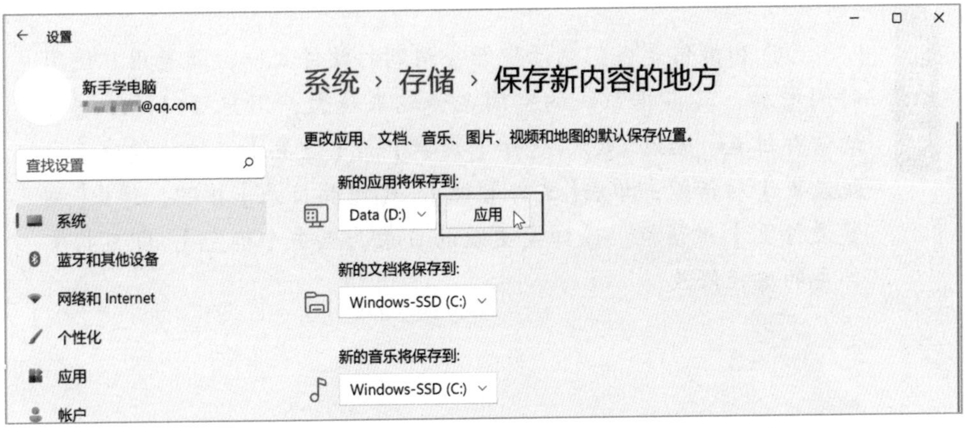

设置

新手学电脑
@qq.com

查找设置

系统
蓝牙和其他设备
网络和 Internet
个性化
应用
帐户

系统 › 存储 › 保存新内容的地方

更改应用、文档、音乐、图片、视频和地图的默认保存位置。

新的应用将保存到:
Data (D:) 应用

新的文档将保存到:
Windows-SSD (C:)

新的音乐将保存到:
Windows-SSD (C:)

图 9-35

7 使用同样的方法，修改其他内容要保存的磁盘，其最终效果图如图9-36所示。

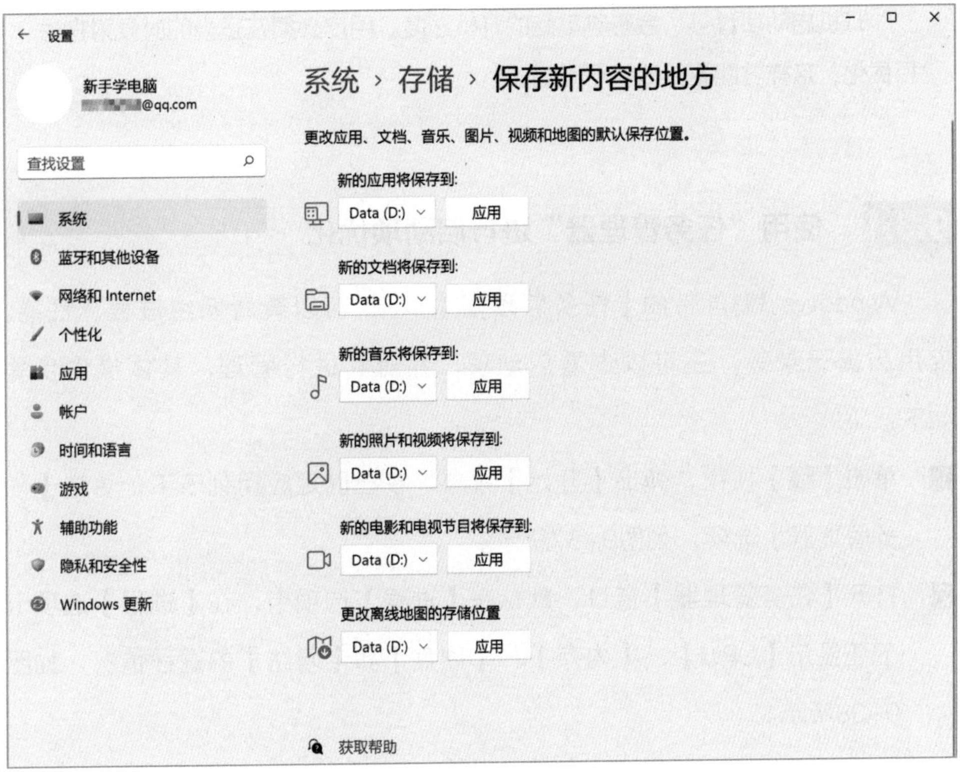

设置

新手学电脑
@qq.com

查找设置

系统
蓝牙和其他设备
网络和 Internet
个性化
应用
帐户
时间和语言
游戏
辅助功能
隐私和安全性
Windows 更新

系统 › 存储 › 保存新内容的地方

更改应用、文档、音乐、图片、视频和地图的默认保存位置。

新的应用将保存到:
Data (D:) 应用

新的文档将保存到:
Data (D:) 应用

新的音乐将保存到:
Data (D:) 应用

新的照片和视频将保存到:
Data (D:) 应用

新的电影和电视节目将保存到:
Data (D:) 应用

更改离线地图的存储位置
Data (D:) 应用

获取帮助

图 9-36

实用贴士

QQ和微信是我们生活中经常用到的软件之一，随着用户使用时间增加，其占据系统的空间也会越来越大，用户可以迁移它们的储存位置。启动QQ，选择【菜单】→【设置】选项，弹出【系统设置】对话框，单击【文件管理】→【更改目录】按钮，弹出【浏览文件夹】对话框。选择要更改的目录，点击【确定】，即可将文件夹的路径修改。

9.3 提升电脑运行速度

开机启动项过多，会影响电脑的开机速度。用户必须在适当的时候对它进行优化，这样才能更好地使用电脑。

9.3.1 使用“任务管理器”进行启动项优化

Windows 11 自带的【任务管理器】，不仅可以查看系统进程、性能、应用历史记录等，还可以查看启动项，并对其进行管理，具体操作步骤如下：

1. 单击【■】按钮，弹出【开始】菜单，在已固定应用列表下，单击【任务管理器】选项，如图9-37所示。
2. 打开【任务管理器】窗口，默认在【进程】选项卡，在【进程】选项卡下还显示【CPU】、【内存】、【硬盘】和【网络】的进程情况，如图9-38所示。

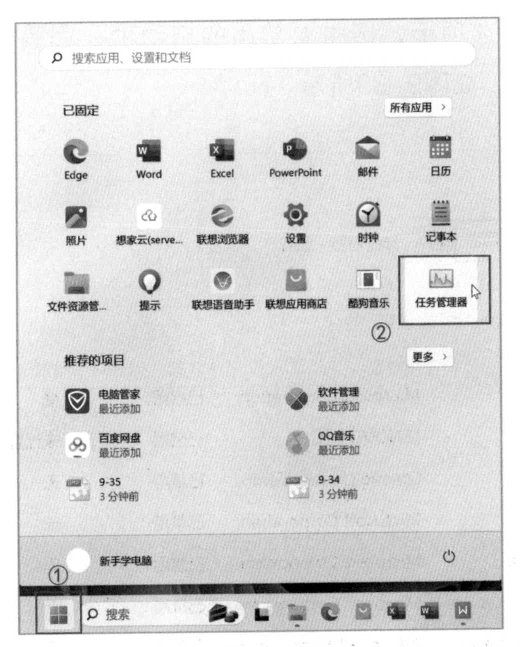

图 9–37

任务管理器

文件(F) 选项(O) 查看(V)

进程 性能 应用历史记录 启动 用户 详细信息 服务

进程选项卡

名称	状态	2% CPU	40% 内存	1% 磁盘	0% 网络
应用 (4)					
任务管理器		0.2%	43.4 MB	0 MB/秒	0 Mbps
WPS Writer (32 位)		0%	119.0 MB	0 MB/秒	0 Mbps
Windows 资源管理器		0.1%	96.4 MB	0 MB/秒	0 Mbps
2345看图王		0.1%	111.0 MB	0 MB/秒	0 Mbps
后台进程 (114)					
腾讯电脑管家-安全注册 (32 位)		0%	0.6 MB	0 MB/秒	0 Mbps
腾讯QQ辅助进程 (32 位)		0%	0.6 MB	0 MB/秒	0 Mbps
腾讯QQ (32 位)		0%	82.5 MB	0 MB/秒	0 Mbps
搜狗输入法 云计算代理 (32 位)		0.1%	16.5 MB	0 MB/秒	0 Mbps
搜狗输入法 工具 (32 位)		0%	6.5 MB	0 MB/秒	0 Mbps
搜狗输入法 Metro代理程序 (32...		0%	17.9 MB	0 MB/秒	0 Mbps

图 9–38

3 单击【启动】选项卡，选中要禁用的启动项，如腾讯电脑管家，单击【禁用】按钮，如图9-39所示。

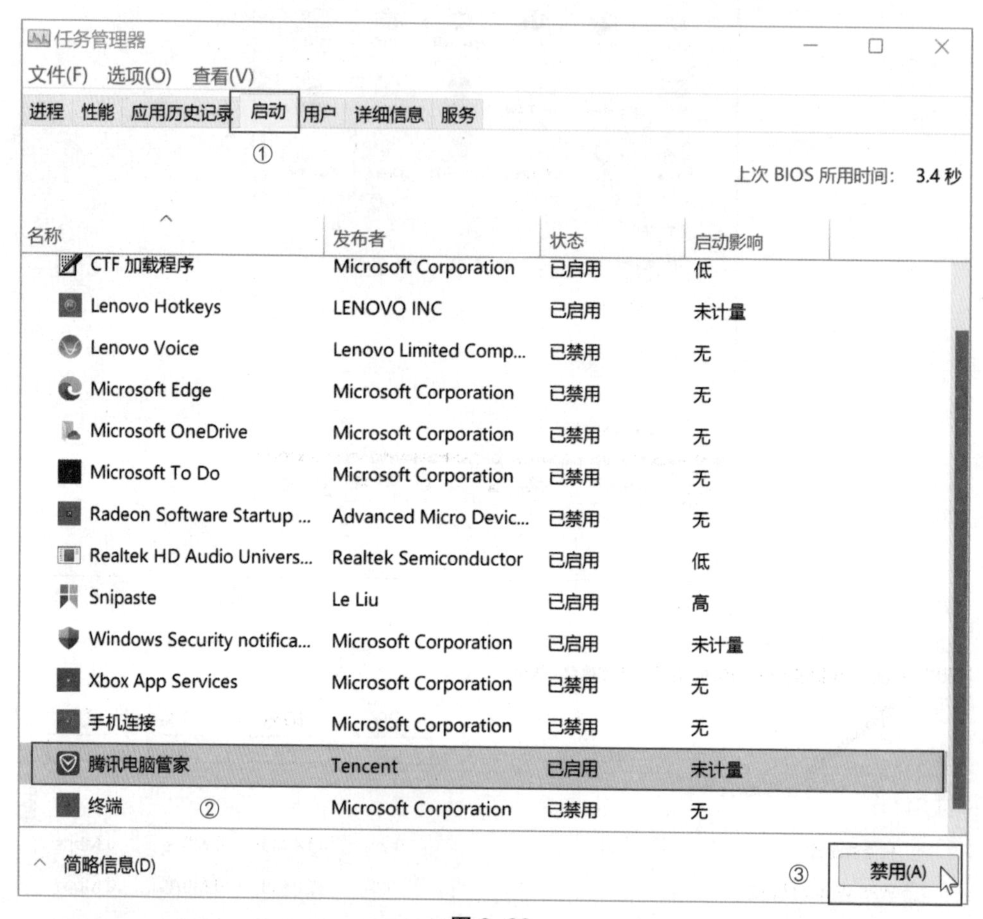

图 9-39

4 单击后即可禁用该启动项，状态显示为“已禁用”，电脑再次启动时，腾讯电脑管家则不会自启动，如图9-40所示。当希望开机启动腾讯电脑管家时，单击【启用】按钮即可。使用同样的方法，可将其他非必要项目禁用。

CTF 加载程序	Microsoft Corporation	已启用	低
Lenovo Hotkeys	LENOVO INC	已启用	未计量
Lenovo Voice	Lenovo Limited Comp...	已禁用	无
Microsoft Edge	Microsoft Corporation	已禁用	无
Microsoft OneDrive	Microsoft Corporation	已禁用	无
Microsoft To Do	Microsoft Corporation	已禁用	无
Radeon Software Startup ...	Advanced Micro Devic...	已禁用	无
Realtek HD Audio Univers...	Realtek Semiconductor	已启用	低
Snipaste	Le Liu	已启用	高
Windows Security notifica...	Microsoft Corporation	已启用	未计量
Xbox App Services	Microsoft Corporation	已禁用	无
手机连接	Microsoft Corporation	已禁用	无
腾讯电脑管家	Tencent	已禁用	无

简略信息(D)　　禁用(A)

图 9–40

9.3.2 禁用开机启动项

禁用开机启动项的具体操作步骤如下：

1 按【Windows+I】组合键，打开【设置】面板，选择【应用】→【启动】，如图9–41所示。

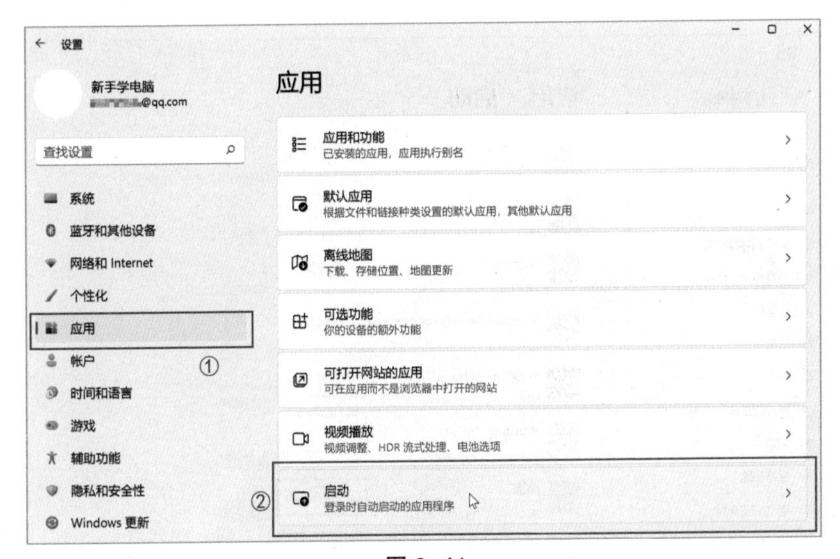

图 9–41

2 进入【启动】界面，可以看到开机启动的应用列表，如图9–42所示。

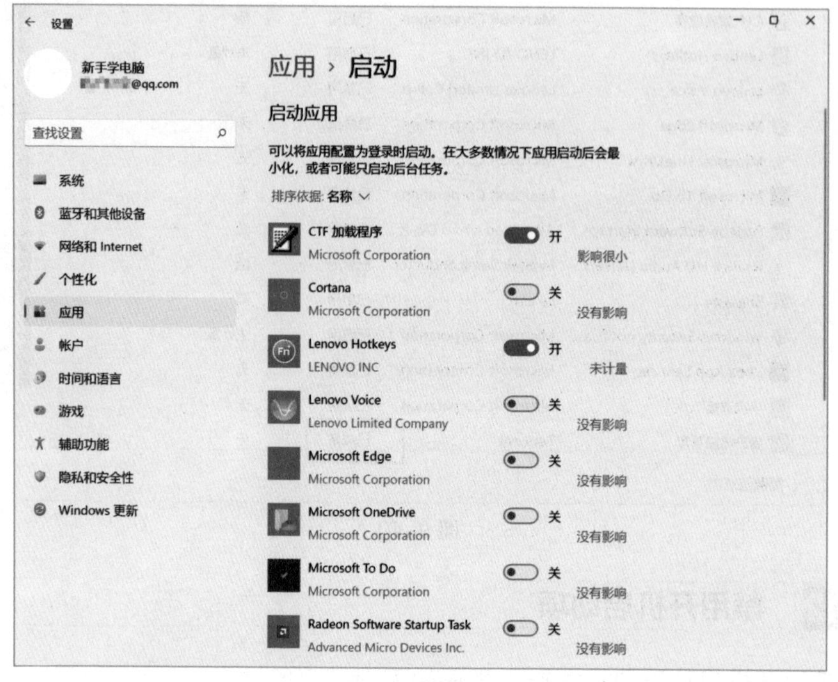

图 9-42

3 点击在程序的右侧的开关按钮，设置为【关】，即可禁用开机启动，如图9-43所示。

图 9-43

9.3.3 关闭界面特效

关闭界面特效具体操作步骤如下：

1 按【Windows+I】组合键打开【设置】面板，选择【辅助功能】→【视觉效果】，如图9-44所示。

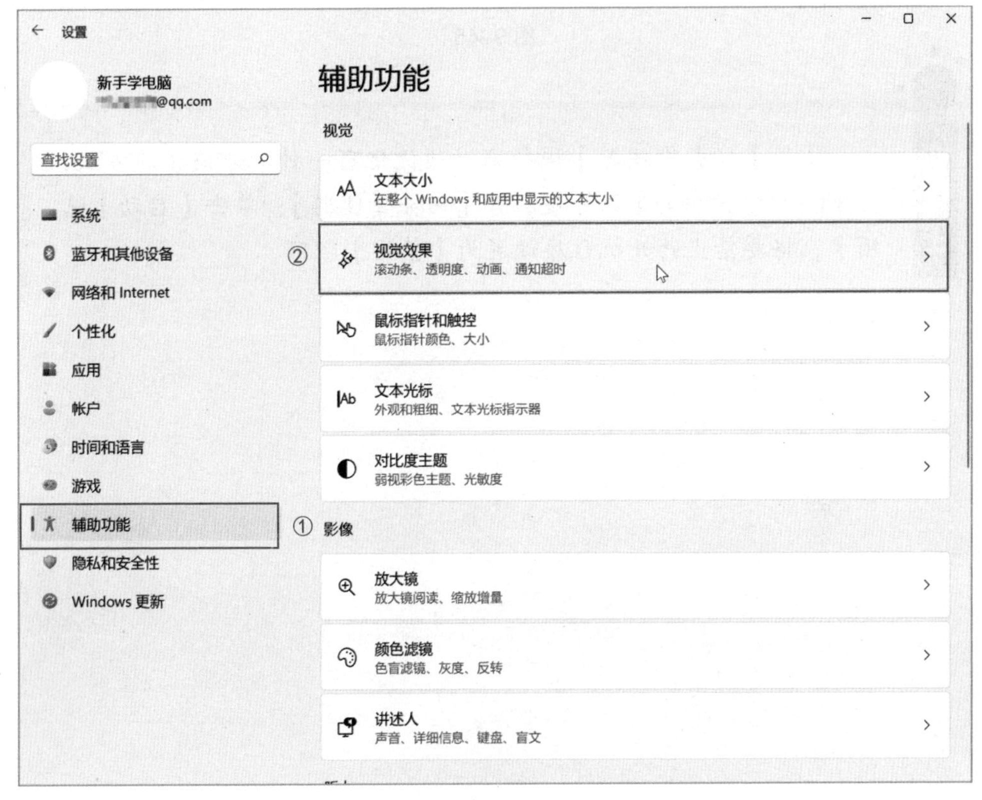

图 9-44

2 进入【视觉效果】界面中，将【始终显示滚动条】、【透明效果】、【动画效果】的开关按钮设置为“关”，也可以减少内存资源的占有率，如图9-45所示。

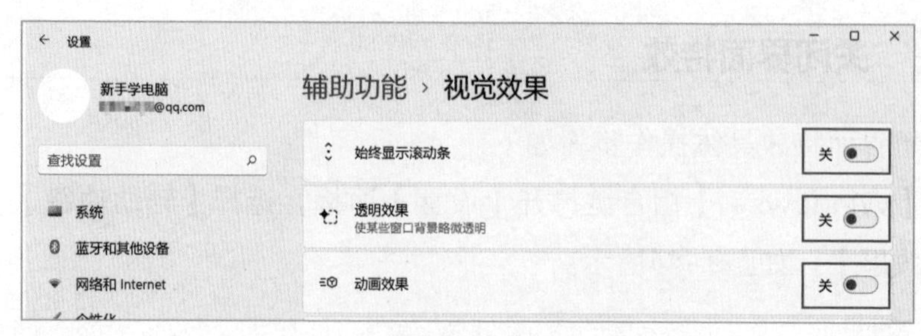

图 9–45

实用贴士

使用【任务管理器】进行启动项优化有一种十分快捷的方法，按【Ctrl+Shift+Esc】组合键打开【任务管理器】，单击【启动】选项卡，将要禁止的开机程序设置为【禁用】即可。